职业技能鉴定指导

美 发 师

(初级 中级 高级)

劳动和社会保障部教材办公室组织编写

中国劳动社会保障出版社

图书在版编目(CIP)数据

美发师/劳动和社会保障部教材办公室组织编写. —北京：中国劳动社会保障出版社，2003

职业技能鉴定指导

ISBN 7 - 5045 - 4015 - 3

Ⅰ. 美… Ⅱ. 劳… Ⅲ. 理发-职业技能鉴定-自学参考资料 Ⅳ. TS974.2

中国版本图书馆 CIP 数据核字(2003)第 047399 号

中国劳动社会保障出版社出版发行

(北京市惠新东街1号 邮政编码：100029)

出 版 人：张梦欣

*

北京谊兴印刷有限公司印刷装订 新华书店经销
787 毫米×1092 毫米 16 开本 6.75 印张 167 千字
2003 年 9 月第 1 版 2012 年 6 月第 6 次印刷
定价：10.00 元

读者服务部电话：010-64929211/64921644/84643933
发行部电话：010-64961894
出版社网址：http://www.class.com.cn
版权专有 侵权必究
举报电话：010-64954652
如有印装差错，请与本社联系调换：010-80497374

前　　言

　　实行职业资格证书制度是国家提高劳动者素质、增强劳动者就业能力的一项重要举措。为在美发从业人员中推行职业资格证书制度，劳动和社会保障部颁布了美发职业的《国家职业标准》（以下简称《标准》）。以贯彻《标准》、服务培训、规范技能鉴定为目标，劳动和社会保障部中国就业培训技术指导中心按照标准—教材—题库相衔接的原则，根据《标准》的要求，组织编写了专用于国家职业技能鉴定培训的美发职业《国家职业资格培训教程》（以下简称《教程》）。

　　作为职业技能鉴定的指定辅导用书，《教程》的出版引起了社会有关方面的广泛关注，特别受到职业培训机构和应试人员的重视。为了进一步满足培训单位和应试人员的需求，劳动和社会保障部教材办公室、中国劳动社会保障出版社依据《标准》和《教程》内容组织参与《标准》制定、《教程》编写和题库开发的有关专家编写了《职业技能鉴定指导——美发师（初级　中级　高级）》（以下简称《指导》）作为该职业《教程》的配套用书，推荐使用。《指导》遵循"考什么、编什么"的原则编写，通过对《教程》内容的细化和完善，力求达到联系培训与考核，为培训教学提供训练素材，为应试者提供检验标准的目的。依据《教程》的内容，《指导》按照基础知识、初级、中级、高级4部分设置了学习要点、知识试题、技能试题及参考答案等内容，并配有知识和技能考核模拟试卷，以方便应试者了解鉴定的形式和难度要求。

　　《职业技能鉴定指导——美发师（初级　中级　高级）》由张有旺、赵建农、王永洁、宋秀玲、赵启明、王长江、朱旭、宋淑琴、李玉荣、刘冬梅、吴春华编写，张有旺主编。

　　编写《指导》有相当的难度，是一项探索性工作。由于时间仓促，缺乏经验，不足之处在所难免，恳切欢迎各使用单位和个人提出宝贵意见和建议。

劳动和社会保障部教材办公室

目 录

第一部分 美发师基础知识

一、学习要点 ……………………………………………………………………（ 1 ）
二、知识试题 ……………………………………………………………………（ 3 ）
　（一）判断题 …………………………………………………………………（ 3 ）
　（二）单项选择题 ……………………………………………………………（ 8 ）
三、参考答案 ……………………………………………………………………（14）

第二部分 初级美发师

一、学习要点 ……………………………………………………………………（15）
二、知识试题 ……………………………………………………………………（17）
　（一）判断题 …………………………………………………………………（17）
　（二）单项选择题 ……………………………………………………………（19）
三、技能试题 ……………………………………………………………………（26）
四、模拟试卷 ……………………………………………………………………（30）
　知识考核模拟试卷一 …………………………………………………………（30）
　知识考核模拟试卷二 …………………………………………………………（35）
　技能操作模拟试卷一 …………………………………………………………（40）
　技能操作模拟试卷二 …………………………………………………………（41）
五、参考答案 ……………………………………………………………………（42）

第三部分 中级美发师

一、学习要点 ……………………………………………………………………（44）
二、知识试题 ……………………………………………………………………（46）
　（一）判断题 …………………………………………………………………（46）
　（二）单项选择题 ……………………………………………………………（48）
三、技能试题 ……………………………………………………………………（55）
四、模拟试卷 ……………………………………………………………………（58）
　知识考核模拟试卷一 …………………………………………………………（58）
　知识考核模拟试卷二 …………………………………………………………（63）
　技能操作模拟试卷 ……………………………………………………………（68）
五、参考答案 ……………………………………………………………………（71）

第四部分　高级美发师

- 一、学习要点 …………………………………………………………………（73）
- 二、知识试题 …………………………………………………………………（75）
  - （一）判断题 ………………………………………………………………（75）
  - （二）单项选择题 …………………………………………………………（78）
- 三、技能试题 …………………………………………………………………（85）
- 四、模拟试卷 …………………………………………………………………（89）
  - 知识考核模拟试卷一 ……………………………………………………（89）
  - 知识考核模拟试卷二 ……………………………………………………（94）
  - 技能操作模拟试卷一 ……………………………………………………（99）
  - 技能操作模拟试卷二 ……………………………………………………（100）
- 五、参考答案 …………………………………………………………………（101）

第一部分 美发师基础知识

一、学 习 要 点

表Ⅰ—1

工作内容	学习要点	重要程度
美发师职业道德	1. 美发师职业道德的基本概念	掌握
	2. 职业道德起源	了解
	3. 美发师应遵循的职业道德规范内容	熟悉
	4. 职业道德特点以及核心内容	掌握
	5. 提倡职业道德的重要意义	熟悉
国内外发型发展简史	1. 国内外发型发展史及我国美发艺术的演变	了解
	2. 各时期的发型式样名称及制作方法	熟悉
	3. 发式变革的四个阶段	了解
	4. 国内发型发展趋势	熟悉
美发服务业务技术管理知识	1. 美发服务接待程序和方法	掌握
	2. 美发师岗位责任制内容	掌握
	3. 服务规范和企业规章制度	掌握
	4. 质量标准和技术管理制度	熟悉
公共关系常识	1. 公共关系基本常识	了解
	2. 美发企业公共关系的目的	熟悉
卫生、消毒知识	1. 美发厅的环境卫生知识	掌握
	2. 室内卫生和棉织品洗涤、消毒知识	熟悉
	3. 个人卫生要求	熟悉
	4. 美发工具消毒知识	熟悉
人的皮肤生理知识	1. 人体头部骨骼构造	掌握
	2. 脑颅骨、面颅骨特点	掌握
	3. 头、面部肌肉的特征	了解
	4. 皮肤组织结构	了解
	5. 皮肤特点	掌握
毛发生理知识	1. 毛发的构造特点	熟悉
	2. 毛发的生长期及生长速度	掌握
	3. 毛发种类及其特征	熟悉

续表

工作内容	学习要点	重要程度
毛发生理知识	4. 毛发的化学性质	了解
	5. 毛发的生理现象与常见病	熟悉
	6. 毛发的日常护理与保养	掌握
头形、脸形种类及特征	1. 头形的特征	熟悉
	2. 正、侧脸形特征	熟悉
美发师按摩基本知识	1. 按摩的基本概念	熟悉
	2. 按摩发展史	了解
	3. 按摩原理	熟悉
	4. 按摩作用及手法分类	了解
	5. 全身主要部位按摩手法	掌握
	6. 头、面、全身主要穴位名称	掌握
	7. 经穴定位常用方法	熟悉
美发工具及电器用品应用	1. 推子、剃刀、剪子等美发工具的运用和保养	掌握
	2. 各种发刷的使用方法及作用	掌握
	3. 美发电器使用基本常识	了解
美发化学用品及烫发、漂染发知识	1. 洗发、护发、养发、固发用品使用知识及方法	掌握
	2. 烫发、漂染发用品知识	熟悉
	3. 染发剂化学成分	了解
	4. 半永久、永久性、临时性染发知识	熟悉
素描基本知识	1. 素描定义	熟悉
	2. 素描三个阶段	掌握
	3. 素描的基本要领	熟悉
色彩基本知识	1. 色彩构成原理	了解
	2. 色彩的功用	熟悉
	3. 调色的一般规律	熟悉
	4. 三原色概念	掌握
	5. 间色、复色、邻近色概念	熟悉
发型美学知识	1. 发型概念	熟悉
	2. 发型设计原理	掌握
	3. 现代发型艺术形式	熟悉
	4. 发型美的本质及特征	熟悉
	5. 现代发型美的规律	熟悉
	6. 黄金分割律概念	掌握

二、知识试题

（一）**判断题** 下列判断正确的请打"√"，错误的打"×"。

1．职业道德是从事一定职业的人们在工作或劳动中所应遵循的行为规范的总和。
（　）
2．美发师职业道德的核心内容就是对顾客热情接待，保证理发质量，并搞好环境卫生。
（　）
3．所谓职业就是人们在社会工作中所从事的专门业务和承担的社会责任。（　）
4．作为一名美发师，只要热爱自己的本职工作，就能让顾客满意。（　）
5．美发工作是直接面对面地为顾客服务，是技术与服务相结合的综合性服务工作。
（　）
6．要想"美化"好别人，首先要规范自己的言谈举止，宽以待人，严于律己，树立良好的自我形象。
（　）
7．以人为本，以劳务服务于顾客，是美发师的基本工作内容。（　）
8．对待顾客要谦恭有礼，主动、热情、耐心、周到地为顾客服务。（　）
9．提倡美发职业道德，提高美发师素质对于做好本职工作、树立全社会良好的道德风尚具有重要意义。
（　）
10．美发师要树立"宾客至上，一视同仁"的服务道德观念，但在接待中对国际友人可以给予特殊照顾，可适当收取些服务费。（　）
11．一个社会有多少职业，就相应地有多少服务标准。（　）
12．全心全意为顾客服务是美发服务标准的核心准则。（　）
13．美发服务接待的基本程序是迎客、美发操作和送客。（　）
14．美发师的任务是美化人们的生活环境，是为精神文明建设服务的。（　）
15．美发业主要以劳务的手段为社会提供服务。（　）
16．不断改进和提高美发业的道德标准是美发行业自身建设和发展的客观要求。（　）
17．如果每个美发师都遵守职业道德，具备较高的服务水平，就会吸引更多顾客，生意也会越做越活。
（　）
18．头发不仅有保护头颅的作用，而且通过各种美发造型可以塑造美丽人生，美化社会，美化人们的生活。
（　）
19．美发技艺既是具有悠久历史的古老造型艺术，又是一种传统的操作技术和手工技巧。
（　）
20．美发技术的发展在整个历史长河中，经历了一个由低级到高级、由简单到复杂的演变过程。
（　）
21．在远古时代，我们的祖先无论男女都蓄长发。（　）
22．在新石器时代，人们为了劳动方便，将头发绾在脖颈上，用草绳或木棍一插，使其

固定住。（　）
23．我国发型制作历史悠久，源远流长，最原始的发型称之为"束"发。（　）
24．从殷商起至明朝末，中华民族的发型是以"束"发为基本形式的。尽管各个历史时期的式样有所不同，但发型设计没有本质的区别。（　）
25．周、秦时期，由于生产力水平提高，带动社会经济逐步繁荣，理发技术中的梳理工具也得以进步和发展。（　）
26．环髻发型在梳理上较原来的"髻"复杂得多。它线条明显，动感强，在质地美感上超越了以前的"髻"式发型。（　）
27．清朝以前的男子，多是剃发留须，绾成发髻，有用布包头的习惯。（　）
28．清王朝建立后，为维护自己的统治，强迫汉人剃发留辫，辫梢系上红色或黑色丝穗作为装饰，美其名曰"弃四周，留中央"，表示中国人团结在一起。（　）
29．清代时兴钵盂头、两把头（也称大拉翅）等发型。（　）
30．发式革命主要经历了两次，第一次是清朝初期，当清兵占据南京时，强迫百姓剃头留辫子，遭到全城百姓的抵制，从而酿成了一场大屠杀。第二次是"文化大革命"时期。（　）
31．五四运动以后，随着反帝、反封建和新文化运动的发展，留短发已成为新文化革命的一个重要内容。（　）
32．辛亥革命以后，持续数千年之久的妇女发髻被剪掉了，长发变为短发，从此结束了几千年中华民族"束发冠髻"这种民族发式的历史。（　）
33．西方的卷发技术，很早就传入了我国，对男女发型的创新起到了推动作用。（　）
34．1926年，电烫发技术传入上海，从此，我国开始了正式营业的电烫发业务。（　）
35．起初的电烫只烫成大花，自然形成发型，工艺要求比较高。（　）
36．随着各种美发机械、电气工具和化学药剂的不断问世，我国美发技艺水平进入了一个崭新的阶段。（　）
37．美发现在已不仅仅在于满足人们生理上的需要，而已成为一种心理上的需求和艺术的享受。（　）
38．人体不同部位的毛发生长期各不一样，头发生长期一般为2～6年，最长可延续25年。（　）
39．在法国克鲁马努出土的人头骨像，前发中分后梳，以藤条作箍束结头发。（　）
40．希腊文化在公元前5世纪达到巅峰。希腊人喜欢干净，发明了整理、修饰头发和保养皮肤的方法。（　）
41．古罗马人继承了许多希腊人的习俗，大约在公元前454年，罗马男子开始修面，白净无须的脸在当时蔚然成风。（　）
42．虽然烫发改变了头发的形态，但是发型式样没有大的变化。（　）
43．毛发分为表皮层、皮质层和髓质层。（　）
44．顾客进入美发店内，接待人员应主动上前问候，询问顾客需求，并介绍服务项目、经营特色。（　）
45．对有预约的顾客，也应按顾客进店先后顺序服务。（　）

46．对有预约的顾客，应按约定提供服务。（　）
47．岗位责任是指每一个岗位所应承担的工作内容及相关职责。（　）
48．美发店工作人员工作不能分工，应团结一致，共同努力把工作做好。（　）
49．在美发操作中除遇到特殊情况外，不可以中断服务，以保证服务质量。（　）
50．顾客对服务表示不满或和美发师发生冲突时，美发师首先应向顾客表示歉意。（　）
51．美发店全体工作人员均应各司其职、各负其责，并互相配合搞好服务。（　）
52．对于初次来美发店的顾客一定要认真介绍服务项目，但收费标准不能全部公开，以免造成误解。（　）
53．美发工作人员迎接顾客时应站在客人前方一侧，保持适当的距离，自然站立。（　）
54．美发企业的工作人员，在业务活动中要有一个全体人员都必须遵守的规则，来保证各项工作有秩序进行。（　）
55．规章制度是企业长期实践经验的结晶，是提高服务质量的保证。（　）
56．随着时代的发展、客观环境的变化，美发企业原有的规章制度必须不断更新，增加新的内容。（　）
57．规章制度的制定，必须遵循切合实际和行之有效的原则。（　）
58．美发企业的规章制度大体有服务公约、岗位责任制、企业规划、发展目标、顾客登记等。（　）
59．规章制度是企业经济发展的总结，是美发师提高技术的保证。（　）
60．1905年，德国人内斯拉发明了先用碱溶液将头发湿润、变软，再卷缠到小棍上烘干的烫发技术，取得了较长时间的弯卷效果。（　）
61．1933年，法国人在蒸汽、烫发的基础上改用通电的卡子，将卡子加热后断电，卡子在发卷上加热，于是就有了电热烫发机，此法曾风靡一时。（　）
62．做一名合格的美发师不仅需要精湛的美发技艺，而且还应懂得发型设计、企业管理、培训人才等知识。（　）
63．顾客进入美发店内，接待人员应主动上前问候，询问顾客需求。如果美发师正在为顾客剪发，则暂时可不接待新来的顾客，以免对正在接受服务的顾客造成影响。（　）
64．美发师的礼貌用语是美发服务质量的具体体现。（　）
65．美发服务结束后，美发服务人员要引导顾客到收款台填好账单。如果顾客有意见，也要先把款结清后再协商解决。（　）
66．美发师在美发操作过程中，要及时听取顾客的反映，如果顾客提出的意见不正确，美发师可以不予解答，继续按自己的设想为顾客服务。（　）
67．美发服务规范是指美发工作人员必须严格执行的基本要求。（　）
68．每一位美发师都必须掌握美发厅的环境卫生知识、个人卫生知识和工具消毒知识。（　）
69．美发师一定要先与顾客进行充分的沟通，并达成共识，再开始美发操作。（　）
70．美发师对于初次来店的顾客，不一定要认真介绍服务项目和收费标准，这样会影响顾客的消费。（　）

71．美发师与顾客交流可以谈一些家常，以示亲切，加深感情。（　）
72．美发服务质量标准除了专业方面的指标外，还应加上顾客的评估——满意程度。（　）
73．美发技术人员必须在技术达标后方可上岗。（　）
74．烫发药液涂放要求是：从上到下均匀地分行涂抹，保证渗透到每一个发卷。（　）
75．美发企业应定期对美发技术人员进行技术培训，经常进行技术交流，引进新技术，这是提高美发师技能水平的有效措施。（　）
76．公共关系是指组织与公众之间的传播、沟通关系，不是信息交流。（　）
77．公共关系的社会作用逐步增强，日益成为现代企业不可缺少的一种经营管理方法和手段。（　）
78．公共关系具有优化公共环境、树立组织形象以及和外部交流、沟通的职能。（　）
79．企业的良好形象和知名度，主要靠员工的努力，而不是通过媒体宣传来赢得的。（　）
80．人们相互交流、沟通信息，除了用口头语言外，还要使用体态语言和表情语言。（　）
81．美发师在与顾客交谈时，需要注意对方的站姿，特别是行为语言。（　）
82．公共关系学是一门专门的学科，它在美发行业的运用不是什么重要问题，而只是在服务中有些作用。（　）
83．美发店是为广大群众塑造美的场所，顾客多、流动性大，如果卫生状况不好、消毒不及时，会导致各种传染性疾病的传播。（　）
84．1987年4月1日发布的《公共场所卫生管理条例》，对美发店的卫生做了明确规定。（　）
85．搞好美发店的卫生不仅是对宾客的健康负责，而且也是对美发师的健康负责。（　）
86．美发师剪下的头发应在当天下班后一次清扫干净，并放在指定的位置，避免细菌和病毒的传播。（　）
87．在美发店中有意放置一些花草、树木，可美化店堂，增加美观。（　）
88．美发师应有良好的卫生习惯，讲究个人卫生，因此在工作中必须做到"五勤"和"四坚持"。（　）
89．美发店所使用的美发工具、毛巾等，每天用完后要彻底消毒，不同的用具应采用不同的消毒方法。（　）
90．美发店用的棉织品应一天一换，并采用煮沸或蒸汽法消毒。操作时温度80℃为宜，持续10分钟，以彻底杀灭细菌和病毒。（　）
91．棉织品除用蒸汽消毒外，也可用药物浸泡消毒，如放在含有0.25%～0.5%的洗消净溶液中浸泡15分钟后，再用清水洗净的方法也可以达到消毒目的。（　）
92．电推子、剃刀、剪刀等工具可采用75%的酒精擦拭或浸泡消毒。（　）
93．胡刷、木梳子、排骨刷、烫发卷杠可采用5%的来苏水浸泡消毒，时间为10分钟，晾干后即可。（　）

94．对于有皮肤病的宾客所用工具和用品应一客一换一消毒，避免细菌和病毒的传播。
（　）
95．成人的骨骼由206块骨组成，并由其构成人体的支架。（　）
96．颅骨是头、面骨骼的总称，它由不同形状的23块骨组成。（　）
97．颅骨是头部重要器官的支架。（　）
98．面颅骨由18块骨构成，位于脑颅骨前下方，从前面看有3个大孔，形成面部轮廓。（　）
99．男、女、老、幼的骨骼各有特点，男子脑颅顶部呈正方形，额部略向后倾斜。
（　）
100．女子脑颅顶部比较圆润，下颌稍尖，额面较平直。（　）
101．美发师在为不同顾客修剪、梳理发型时，要充分考虑其脸形特征，脑颅、面颅形状只能做参考。（　）
102．肌肉在人体内的分布极为广泛，全身肌肉约有500多块，其质量约占人体质量的40%。（　）
103．人体肌肉组织的基本特征是由软组织与硬组织两部分合成的。（　）
104．人体的每块肌肉都是由许多肌纤维集合起来组成一个肌束，再由许多小的肌束合并成一个大的肌束，最后由若干个大的肌束合并成整块肌肉。（　）
105．人体各部位的肌肉组织，可分为平滑肌、心肌和横纹肌三种。（　）
106．人的头部肌肉称头肌，主要包括软组织肌和横竖纤维肌。（　）
107．人的笑肌，起于咬肌筋膜，止于嘴角皮肤，在收缩时外拉嘴角呈微笑状。（　）
108．成人的皮肤总面积达1.2~2平方米，质量为人体质量的15%左右，厚度平均为0.5~4毫米。（　）
109．皮肤表面有许多纤维，形成纵横交错的表皮。（　）
110．位于手指末节掌面的皮纹整齐而规则的部分称为指纹。（　）
111．指纹的形状因人而异，十个指头也不相同，且终生不变。（　）
112．人的皮肤触觉感受力很强，尤其是手腕、掌心最为敏感。（　）
113．人的皮肤会产生冷、热、痛等感觉。（　）
114．表皮是皮肤的浅层，由角化的扁平的复层上皮构成。（　）
115．人体各部位的表皮厚薄基本一样，没有大的区别。（　）
116．人的皮肤厚度一般为0.07~0.12毫米，手掌和足底的表皮最厚。（　）
117．皮肤的透明层位于颗粒层的浅层，由几十层扁平无核的细胞组成，它在黏合微小物体时具有丰实的磷脂蛋白。（　）
118．人的毛发有软毛、硬毛和粗毛三大类，分别生长在人体的不同部位。（　）
119．毛发是皮肤的附属物，它不能离开皮肤而独立存在。（　）
120．表皮分为角质层、透明层、颗粒层、棘层和基底层，共五层。（　）
121．剃刀采用85%的酒精溶液浸泡15分钟即可达到消毒要求。（　）
122．冬季日光照射时间短，皮肤中黑色素颗粒较少，皮肤就显白。（　）
123．夏季日光照射时间长，皮肤中黑色素颗粒多，皮肤颜色也就会变深。（　）
124．人的皮肤基底层又称生发层，此层细胞具有分裂繁殖能力，它不断产生新的细胞

并向浅层推移，以补充衰老脱落的角质细胞。（　）
125．人的皮肤，整个表皮更新时间是60～90天。（　）
126．真皮的厚度因身体部位不同而薄厚不一，一般厚度约1～2毫米，是表皮的10倍左右。（　）
127．皮脂腺有润滑和保护皮肤及毛发的功能，也有杀菌作用。（　）
128．人的皮肤表面有一层乳状皮脂腺，使皮肤呈弱酸性，pH值为6.5～9.0，它能抑制细菌和真菌繁殖，防止水分过量散失，但不能防止水分过量地进入人体内。（　）
129．人体各部位的敏感程度有很大差别，有的强，有的弱，像指端、嘴唇、乳头等处感觉就很灵敏。（　）
130．皮肤是人体内的主要储水处，人体的大部分水储存在真皮内，其含水量占全身的18%～20%。（　）
131．人的皮肤性质主要有四种类型，即干性皮肤、中性皮肤、油性皮肤和混合性皮肤。另外，还有敏感性皮肤。（　）
132．中性皮肤毛孔粗细均匀，不干也不油腻，皮肤红润有光泽，富有弹性，pH值为5～5.6，是健康、理想的皮肤。（　）
133．黄种人的肤色在正常情况下微红稍黄，是健美的皮肤。（　）
134．为了皮肤健康，应坚持每天用面部清洁霜洗脸2～3次，也可选用碱性稍大一点的香皂或肥皂洗脸。（　）
135．油性皮肤的人肤色较深，毛孔大，皮肤较粗，油脂分泌旺盛，pH值一般为5～5.6。（　）
136．成人的头发数量一般为10万～15万根。正常人大约有85%的头发处于生长期。（　）

（二）**单项选择题**　下列每题有4个选项，其中只有1个选项是正确的，请将其代号填在横线空白处。

1．职业道德是共产主义道德原则和道德_____在职业行为和职业关系中的具体表现。
　　A．思想　　B．规范　　C．行为　　D．内容
2．职业道德是人们在履行本职工作时，从_____所应遵循的准则。
　　A．思想到方法　　B．思想到规范　　C．思想到行动　　D．思想到目的
3．全心全意为人民服务是美发职业道德的_____内容。
　　A．工作　　B．服务　　C．核心　　D．表现
4．道德可分为三个部分，即_____、社会公共生活道德和职业道德。
　　A．家庭生活道德　　B．个人生活道德　　C．工作中的道德　　D．思想道德
5．正确认识道德的历史演变，有利于揭示道德的特点及发展变化的_____。
　　A．方法　　B．规律　　C．趋势　　D．特点
6．所谓职业就是人们在社会工作中所从事的专门业务和承担的_____。
　　A．社会工作　　B．社会任务　　C．社会责任　　D．社会要求
7．美发行业属于_____行业。
　　A．综合性　　B．流动性　　C．经营性　　D．服务性
8．热爱本职、认真负责、积极主动、热情服务、举止文明等是美发行业职业道德的主

要_____。
A．工作内容　　B．服务方法　　C．业务范围　　D．行为规范

9．美发师要把顾客当做衣食父母去热情接待，让顾客有_____的感觉。
A．服务热情　　B．宾至如归　　C．上帝　　D．礼貌待客

10．讲究发色将成为_____。
A．时尚潮流　　　　B．所有人的爱好
C．美发的发展方向　D．质量保证的措施

11．个性化的发型将越来越受到人们的_____。
A．模仿　　B．追求　　C．青睐　　D．向往

12．当前发型设计的趋势是_____、简洁、柔和、动感、怀旧、一发多变，向个性化方向发展。
A．时尚多变　　B．崇尚自然　　C．重视染发　　D．传统典雅

13．美发师每时每刻都要检查自身行为，做到宽以待人、严于律己，树立良好的_____。
A．工作态度　　B．服务方法　　C．自我形象　　D．文明表率

14．人体不同部位的毛发生长周期各不相同，头发的生长期一般为_____，最长可延长到25年。
A．4～6年　　B．2～6年　　C．3～6年　　D．4～8年

15．美发行业的职工每天同广大顾客接触，处处都体现着_____。
A．道德风尚　　B．工作水平　　C．企业形象　　D．社会风气

16．人的皮肤健康标志是表面湿润适度、柔软、_____，这表明皮肤含水量及脂肪含量适中，血液循环良好。
A．富有湿度　　B．富有弹性　　C．表面光滑　　D．肤色较深

17．提倡职业道德不仅有利于美发行业员工自身文化素质的提高，也有利于美发行业_____。
A．服务工作水平的提高　　B．卫生水准的提高
C．服务质量的提高　　　　D．服务态度的改进

18．我国发型演变过程可分为四个阶段，一是启蒙阶段，二是_____，三是发式革命阶段，四是现代发型发展阶段。
A．留须剃发阶段　　B．髻发阶段　　C．束发阶段　　D．剃发拢发阶段

19．在远古时代，我们的祖先无论男女都_____。
A．束长发　　B．蓄长发　　C．编辫发　　D．盘绕发

20．石器时代，人们将头发绾在头顶上，用木棍一插，使其固定住，从而形成了最原始的_____。
A．盘发　　B．绾发　　C．束发　　D．拢发

21．古人在长期生产实践中，用植物纤维或草毛搓成绳，用以束发，这种发型称为_____。
A．束　　B．辫　　C．髻　　D．冠

22．在漫长的岁月里，古人模仿禽兽的羽冠来修饰自己的头部，将头发绾在头顶扎束

_____。

　　A. 成髻　　B. 成辫　　C. 成型　　D. 成环

23. 考古学家认为，最早有意识进行个人装饰的是早期的_____。

　　A. 法国人　　B. 埃及人　　C. 非洲人　　D. 罗马人

24. 我国的发式革命主要经历了两次，第一次是清朝初期，第二次是_____时期。

　　A. 发辫革命　　B. 民主革命　　C. 国民革命　　D. 辛亥革命

25. 清朝初期强迫百姓剃头留辫子，遭到某地全城百姓的抵制，从而酿成了一场大屠杀，史称_____。

　　A. 扬州造反　　B. 百姓抵抗　　C. 扬州残害　　D. 扬州中日

26. 混合性皮肤的人多见于_____年龄的人。

　　A. 20～22岁　　B. 25～35岁　　C. 26～38岁　　D. 26～40岁

27. 干性皮肤的人，皮肤的pH值为_____。虽看上去干净，但经不起风吹日晒，易衰老。

　　A. 4.5～5　　B. 5.5～7　　C. 6～7　　D. 6.5～7.5

28. 在周秦时期，由于生产力水平的提高，固发工具质地改进，促进了发型的_____。

　　A. 艺术化　　B. 复杂化　　C. 简单化　　D. 实用化

29. 战国时期，发髻更为普及，美发工具的革新与应用使妇女发型出现了仿羊角形态的_____。

　　A. 环髻　　B. 盘髻　　C. 绕髻　　D. 双髻

30. 秦汉时期，髻发出现了明显的加工痕迹，多数修剪成_____。

　　A. 直角状　　B. 锐角形　　C. 钝角形　　D. 多角状

31. 唐代的发髻式样更加繁多，代表性的作品有似_____的云髻。

　　A. 行星辫月　　B. 行云闭月　　C. 行云流水　　D. 阴云成雨

32. 在法国克鲁马努出土的人头骨像，其发式是前发_____。

　　A. 中分后梳　　B. 后发侧梳　　C. 侧分后梳　　D. 中分前梳

33. 发明漂白头发以及染发配方的是_____。

　　A. 埃及人　　B. 罗马人　　C. 法国人　　D. 美国人

34. 大约在公元前454年，罗马男子开始_____。

　　A. 剪发　　B. 烫发　　C. 修面　　D. 染发

35. 烫发改变了头发的形态，使发型更加_____。

　　A. 具有立体感　　B. 卷曲自然　　C. 飘逸自如　　D. 绚丽多彩

36. 相传古埃及妇女曾用_____卷发再热晒的烫发法。

　　A. 草绳、木棍　　B. 稀泥、木棍　　C. 化学药品　　D. 药物草秆

37. _____斯区曼发明了冷烫技术。

　　A. 英国人　　B. 法国人　　C. 奥地利人　　D. 美国人

38. 随着现代科学技术的发展，人们在发式的造型上不断改进，越来越重视对_____。

　　A. 头发的珍惜　　B. 头发的爱护　　C. 头发的保养　　D. 头发的呵护

39. 1933年，法国人在蒸汽烫发的基础上改用_____，于是就有了电热烫发机。

　　A. 通电的卷杠　　B. 通电的卡子　　C. 通电的卷发器　　D. 通电的梳子

40．虽然美发操作工艺发展变化较快，但是吹风的技能始终不能替代_____。
　　A．修剪的方法　　B．修剪的技能　　C．修剪的程序　　D．修剪的步骤
41．OPMS修剪法出自_____。
　　A．英国　　B．意大利　　C．德国　　D．美国
42．利用剃刀削发造型是我国的一个_____。
　　A．传统技艺　　B．现代技艺　　C．新兴技艺　　D．创新技艺
43．莎顺修剪法出自_____。
　　A．日本　　B．英国　　C．韩国　　D．德国
44．美发服务接待的基本程序是指顾客进入美发店至美发_____。
　　A．使顾客满意　　B．最后程序　　C．操作完毕　　D．完毕，顾客离店
45．顾客进入美发店内，接待人员应主动上前问候，询问_____。
　　A．服务项目　　B．顾客需求　　C．美发项目　　D．消费水平
46．对有预约的顾客，应按约定_____。
　　A．提供服务　　B．时间服务　　C．保证服务　　D．进店服务
47．人体的正常体温是_____。为了保持人体的正常体温，皮肤起到了重要的调节作用。
　　A．36.5℃　　B．37.5℃　　C．37℃左右　　D．36℃
48．岗位责任是指每一个岗位所应承担的工作内容及_____。
　　A．相关工作　　B．相关任务　　C．相关职责　　D．相关岗位
49．美发店全体工作人员均应各司其职，_____，并相互配合搞好服务。
　　A．各管其事　　B．互相团结　　C．分工合作　　D．各负其责
50．美发店营业时间结束前不应拒绝服务；美发师工作时间不得_____。
　　A．与顾客说笑　　B．擅离岗位　　C．与顾客聊天　　D．与顾客沟通
51．顾客进入美发店内，接待人员应主动_____，询问顾客需求。
　　A．上前咨询　　B．问寒问暖　　C．上前问候　　D．上前理发
52．岗位责任是指一个岗位所应承担的_____及相关职责。
　　A．卫生要求　　B．服务态度　　C．工作内容　　D．经济收入
53．人的皮肤中，黑色素细胞产生的黑色素能吸收散射的_____，从而使皮肤深层组织免受其辐射。
　　A．营养　　B．紫外线　　C．阳光　　D．大量水分
54．皮肤覆盖全身体表，柔软而富有弹性，既能防止体内水分及其他物质的丢失，又能抵御外界的各种_____，防止有害物质的入侵。
　　A．打击　　B．侵袭　　C．干扰　　D．腐蚀
55．皮肤腺分泌导管被阻塞或细菌入侵，可形成_____，会患疖肿，影响皮肤美观。
　　A．皮炎　　B．痤疮　　C．肿块　　D．暗疮
56．皮下组织也叫浅筋膜，它由疏松的结缔组织和_____构成。
　　A．脂肪组织　　B．细胞组织　　C．神经组织　　D．纤维组织
57．美发师在操作之前，一定要先与顾客进行_____并达成共识。
　　A．充分的沟通　　B．充分的理解　　C．充分的说明　　D．充分的解释

58. 人的皮肤从基底层向颗粒层表面移动所需要的时间是_____。
    A. 26～42天　　B. 28～30天　　C. 30～50天　　D. 24～40天
59. 美发师在操作中不应与_____,不允许吃东西。
    A. 他人聊天　　B. 顾客研究技术　　C. 他人一同吸烟　　D. 顾客交谈
60. 对于初次来美发店的顾客一定要认真介绍服务项目、_____,使其清楚服务项目的价格。
    A. 收费项目　　B. 收费标准　　C. 收费程序　　D. 收费方法
61. 美发企业的工作人员在业务活动中必须有_____。
    A. 工作计划　　B. 服务保证　　C. 遵守的规则　　D. 遵守的要求
62. 制定规章制度必须遵循_____和行之有效的原则。
    A. 切合实际　　B. 合理要求　　C. 切合规律　　D. 各项规则
63. 美发服务质量标准除了专业方面的指标外,还应包括_____,即满意程度。
    A. 顾客的意见　　B. 顾客的评估　　C. 顾客的理解　　D. 顾客的咨询
64. 美发企业的技术人员必须在_____后方可上岗。
    A. 技术成熟　　B. 统一着装　　C. 技术达标　　D. 技术熟练
65. 根据美发企业的档次及所设的服务项目,对全体上岗人员进行考核,符合_____的人才能上岗为顾客服务。
    A. 人员配置　　B. 等级标准　　C. 等级范围　　D. 等级内容
66. 正常人每天脱落_____头发。
    A. 50～100根　　B. 60～100根　　C. 60～120根　　D. 50～120根
67. 国务院在1987年_____颁布的《公共场所卫生管理条例》对美发企业的卫生标准做出了明确规定。
    A. 6月2日　　B. 4月1日　　C. 5月10日　　D. 7月1日
68. 棉织品采取煮沸或蒸汽消毒,消毒温度应为_____。
    A. 120℃　　B. 110℃　　C. 90℃　　D. 100℃
69. 棉织品用药物浸泡消毒时,应放在含有_____的洗消净溶液中浸泡15分钟后才能达到消毒目的。
    A. 0.25%～0.5%　　B. 0.5%～0.16%
    C. 0.8%～1.0%　　D. 1.0%～1.5%
70. 电推子、剃刀、剪刀等工具可采用含量为_____的酒精擦拭或浸泡消毒。
    A. 65%　　B. 75%　　C. 70%　　D. 80%
71. 人体的骨骼分为颅骨、躯干骨和_____三个部分。
    A. 颈骨　　B. 四肢骨　　C. 胸骨　　D. 椎骨
72. 脑颅骨由_____骨构成。
    A. 12块　　B. 10块　　C. 8块　　D. 6块
73. 面颅骨由_____骨构成。
    A. 20块　　B. 18块　　C. 15块　　D. 12块
74. 肌肉在人体内的分布极为广泛,全身肌肉约有_____。
    A. 800多块　　B. 600多块　　C. 500多块　　D. 450多块

75．人体肌肉质量约占人体总质量的_____。
　　A．60%　　B．50%　　C．40%　　D．30%
76．整块肌肉的外围都是由_____薄膜包裹着，这层薄膜称为外衣，它向肌肉两端的延续部分称为肌腱。
　　A．结缔组织　　B．表皮组织　　C．内衣　　D．软组织

三、参考答案

（一）判断题

1.√	2.×	3.√	4.×	5.√	6.√	7.×	8.√	9.√	10.×
11.×	12.×	13.√	14.×	15.√	16.√	17.√	18.√	19.×	20.√
21.√	22.×	23.√	24.×	25.√	26.×	27.×	28.√	29.√	30.×
31.√	32.√	33.×	34.√	35.×	36.√	37.√	38.√	39.√	40.√
41.√	42.×	43.√	44.√	45.×	46.√	47.√	48.×	49.√	50.√
51.√	52.×	53.√	54.√	55.×	56.√	57.√	58.√	59.×	60.√
61.√	62.×	63.√	64.√	65.×	66.×	67.√	68.√	69.√	70.×
71.×	72.√	73.√	74.×	75.√	76.×	77.√	78.√	79.×	80.√
81.×	82.×	83.√	84.√	85.√	86.×	87.√	88.√	89.√	90.×
91.√	92.×	93.√	94.×	95.√	96.√	97.√	98.√	99.√	100.√
101.×	102.√	103.×	104.√	105.√	106.×	107.√	108.√	109.×	110.√
111.√	112.×	113.√	114.√	115.×	116.√	117.×	118.√	119.√	120.√
121.×	122.√	123.√	124.√	125.×	126.√	127.√	128.×	129.√	130.√
131.√	132.√	133.√	134.×	135.√	136.√				

（二）单项选择题

1.B	2.C	3.C	4.A	5.B	6.C	7.A	8.D	9.B	10.A
11.C	12.B	13.C	14.B	15.A	16.B	17.C	18.B	19.B	20.C
21.C	22.B	23.B	24.D	25.D	26.B	27.A	28.B	29.A	30.A
31.B	32.A	33.B	34.C	35.D	36.B	37.A	38.C	39.B	40.B
41.C	42.A	43.B	44.D	45.B	46.A	47.C	48.C	49.D	50.B
51.C	52.C	53.B	54.B	55.B	56.A	57.A	58.A	59.A	60.B
61.C	62.A	63.B	64.C	65.B	66.A	67.B	68.D	69.A	70.B
71.B	72.C	73.C	74.C	75.C	76.A				

第二部分 初级美发师

一、学习要点

表 Ⅱ—1

工作内容	学习要点	重要程度
洗发前的准备工作	1. 水的种类和作用	了解
	2. 刷发的目的	了解
	3. 揉头的作用和方法	掌握
	4. 观察、分析发质	掌握
	5. 常用洗发液的选择	掌握
简单的洗发程序和方法	1. 洗发的注意事项	熟知
	2. 洗发程序	掌握
	3. 洗发冲水的方法	掌握
洗发的质量要求	1. 洗发的抓擦手法	掌握
	2. 洗发的水温	掌握
	3. 毛巾包头的方法	掌握
头部按摩	1. 头部按摩的穴位	掌握
	2. 头部按摩的四条经脉	熟知
	3. 按摩穴位的方法	掌握
剪发工具的名称、作用及使用方法	1. 剪发工具的种类和名称	掌握
	2. 剪发工具的作用和使用方法	掌握
	3. 剪发基本功的训练方法	掌握
剪发的程序和方法	1. 男式发型的分类	熟知
	2. 剪发操作的服务程序	掌握
	3. 男式剪发的"三线"和"三部"	掌握
	4. 男式剪发的质量要求	掌握
	5. 女式发型的分类	熟知
	6. 女式剪发的程序和方法	掌握
	7. 发式的轮廓和层次	掌握
烫发操作	1. 烫发的目的	了解
	2. 烫发的原理	了解
	3. 烫发工具的使用方法	掌握

续表

工作内容	学习要点	重要程度
烫发操作	4．卷杠操作	掌握
	5．烫发液的涂抹方法	掌握
	6．烫发的注意事项	熟知
	7．烫发的质量标准	熟知
吹梳造型	1．吹梳工具和用品的使用方法	熟知
	2．吹风的作用	了解
	3．吹梳操作程序	掌握
	4．压、别、挑、推等吹梳方法	掌握
	5．吹梳造型的质量要求	掌握
盘（束）发	1．盘（束）发的种类	了解
	2．梳辫的部位和形式	了解
剃须、修面	1．剃须刀具的种类	了解
	2．剃须刀的消毒方法	掌握
	3．剃须的操作程序	熟知
	4．剃须刀的五种使用方法	掌握
	5．修面的程序和方法	掌握
	6．剃须、修面时左手的配合方法	掌握
	7．剃须、修面的质量要求	熟知
染发	1．染发剂的类别	了解
	2．染发工具的性能和作用	熟知
	3．苯胺类染发剂的特点	熟知
	4．染发的操作程序	熟知
	5．调制染发剂的方法	掌握
	6．染发的注意事项	熟知
	7．染发的质量要求	熟知
焗油	1．焗油膏的种类及性能	熟知
	2．焗油机的使用方法	掌握
	3．营养焗油的操作方法	掌握

二、知 识 试 题

(一) **判断题** 下列判断正确的请打"√",错误的打"×"。
1. 在男发的服务项目中,刮脸是指刮净胡须。 (　)
2. 美发师围围布时要围紧围严,松紧适度,否则顾客的头发会掉入脖颈内。 (　)
3. 发际线是确定留发长短的标准线,它又叫导线。 (　)
4. 男式发型中的三黄指底黄、中黄和上黄。底黄要清,无毛发;中黄要匀,无隐块;上黄要匀,无长短。 (　)
5. 均等层次属于高层次一类的发型。 (　)
6. 红外线烘发机采用红外线均匀照射头发,把头发烘干。 (　)
7. 女发做花,必须在烫发后立即操作。 (　)
8. 做花的质量标准是:选卷准确,排列匀称,不遗漏发丝。 (　)
9. 剪刀是发式修剪的惟一工具。 (　)
10. 啫喱呈透明膏状,多用于局部造型中,起固发保湿作用。 (　)
11. 男式分头路吹风操作程序是:分头路,梳理小边缝,梳理顶部,局部调整,塑造发型轮廓。 (　)
12. 美发专业中将头部分为六大部位,这六大部位是发式成型的关键。 (　)
13. 烫发操作一般应先卷发,后剪发,随后再上药水。 (　)
14. 美发操作动作要准确、连贯,并且熟练自如。 (　)
15. 无声吹风机的特点是:功率大,风力小,吹风温度高,便于定型。 (　)
16. 在洗头工序中,头部按摩的穴位有35个,可分为5路进行按摩。 (　)
17. 洗发是一门单纯的技术,与其他美发操作没有密切联系。 (　)
18. 头部按摩就是美发师在给顾客洗发时,结合洗发的其他动作对顾客头部进行按摩。 (　)
19. 美发师使用推子、剃刀必须有过硬的基本功,用剪刀修剪不一定要有什么基本功。 (　)
20. 男式推剪没有规定先从什么部位打基线。 (　)
21. 束发与盘发造型是同一内容,没有任何区别。 (　)
22. 剃须与修面是两个不同的概念,剃须是刮胡须,修面是刮脸部。 (　)
23. 男女脸形都以椭圆形脸为最美。 (　)
24. 发际线的高低对发式轮廓线的位置没有什么影响。 (　)
25. 为了帮助剃须后面部的毛孔收缩,可用喷雾器在顾客面部喷上保湿水、保养油、奶乳液等,并进行面部按摩。 (　)
26. 顾客在剃须(修面)后,由于皮肤毛孔扩张,会感到不适,所以在修面后需要涂清凉油脂,滋润皮肤。 (　)

27．美发师在对顾客进行面部按摩时，要擦按摩霜，以便减少与皮肤的摩擦阻力，提高按摩效果。（　　）
28．面部按摩线路要环绕五官进行，这样才能调理面部肌肉，达到对皮肤的护理作用。（　　）
29．排骨刷接触头发面积小，并有长短齿，梳理后可使发根站立蓬松。（　　）
30．使用圆刷能增加头发的卷曲度，调整头发的弹力。（　　）
31．钢丝刷接触头皮面积大，使用后能使头发有光泽和凝结度。（　　）
32．红外线吹风机散出的热量能烘干头发，使头发干燥而不损伤。（　　）
33．烘发机又称大吹风机，按放置方式分为站立式和壁挂式两种。（　　）
34．烘发机按结构可分为封闭式、开启式、红外线式和电脑式等多种。（　　）
35．使用蒸汽焗油机便于护发用品的渗透，使头发充分吸收营养，同时也可促进对烫发液、染发剂的吸收。（　　）
36．使用远红外线促进器，可使染发更加容易上色，但发质易受损。（　　）
37．发油呈液体状，有淡淡的香味，能增加头发的油性，保持头发的亮丽光泽。（　　）
38．发蜡呈膏状，色泽不一，油性较大，有一定的黏度，涂抹后可使头发有油滑感。（　　）
39．吹风梳理是一种具有艺术性的操作，它可以起到固定发式的作用。（　　）
40．男式吹风操作前的准备工作是：擦干头发，涂抹发油，分头缝。（　　）
41．梳子配合吹风机的操作方法有压法、别法、挑法、推法。（　　）
42．在梳子配合吹风机的操作方法中，压法有两种，一种是用梳子压，另一种是用手掌压。（　　）
43．在梳子配合吹风机的操作方法中，别法的作用是把头发吹成微弯的形状，使发梢紧贴头皮，增加头发的弹性。（　　）
44．在梳子配合吹风机的操作方法中，挑法可使头发蓬松，发根站立，发干弯曲，富有光泽。（　　）
45．在梳子配合吹风机的操作方法中，推法就是将头发拢起，使发干弯曲。（　　）
46．梳理头发用的刷子有钢丝刷、排骨刷和圆刷三种。（　　）
47．需要小面积梳刷头发时，可使用钢丝刷。（　　）
48．需要调整头发的弹性和卷曲弧度时，可使用排骨刷。（　　）
49．刷通头发时，应由表及里全部刷通、刷顺，使头发显出初步纹理。（　　）
50．梳理波浪式发型时，美发师应按弧度大小来调整刷子的旋转方向。（　　）
51．不论是细发还是粗发，都应顺着发式的丝纹刷，不能直接向下拉刷。（　　）
52．吹风机的操作技巧是：掌握送风角度，风口与头皮保持适当距离，正确控制吹风时间。（　　）
53．男式发型顶部要求蓬松，丝纹不乱，不脱节。（　　）
54．根据人们的活动场合及其环境氛围，盘（束）发可分为婚礼盘发、艺术盘发和生活盘发三大类。（　　）
55．单辫的梳辫部位一般在头部的中间或偏向一侧的位置。（　　）
56．修面的目的是去除脸部和颈部长出表皮的毛发，从而保持整洁的仪容。（　　）

57．剃刀消毒的目的是为了防止传染病菌。（   ）
58．趟刀（背刀）的作用是为了保持刀锋平整，增加锋利程度。（   ）
59．剃胡须的方法是：顺剃一次，逆剃一次，再顺剃整个面部。（   ）
60．正手刀的操作方法有顺剃和侧向剃两种，顺剃时刀刃向内，由下向上剃。（   ）
61．反手刀的逆剃方法是：刀锋向下，由上向下剃。（   ）
62．修面的质量要求是：出手要轻，运刀要快，手腕要灵活；正确掌握剃刀贴近皮肤的角度；绷紧动作要配合好。（   ）
63．修面的质量标准是：动作协调，修剃舒适；修剃干净；程序规范，刀法适宜。（   ）

（二）单项选择题　下列每题有4个选项，其中只有1个选项是正确的，请将其代号填在横线空白处。

1．在一般情况下，头发的pH值是_____。
　　A．7.5～8.5　　B．6.5～7.5　　C．5.5～6.5　　D．4.5～5.5
2．烫发时，卷发的角度应大于90度，以_____为好。
　　A．100度　　B．120度　　C．150度　　D．180度
3．制作发型时，采用倒梳发的主要目的是_____。
　　A．制造层次　　B．梳乱头发　　C．增加发量　　D．使发梢飘逸
4．拉刷法采用刷齿_____由发干向发梢方向反复做弧形梳理。
　　A．向下　　B．向上　　C．向左　　D．向右
5．发型绘画（设计发型效果图）实际上就是一种_____。
　　A．设计效果　　B．设计思路　　C．素描　　D．写意
6．发型的内轮廓是指_____。
　　A．头形　　B．脸形　　C．体形　　D．发型样式
7．修剪中，发片与头肌的角度要_____。
　　A．一致　　B．随时变换　　C．适度　　D．大于45度
8．配合时装的发型多以_____为主。
　　A．工整型　　B．披散型　　C．小花型　　D．高雅型
9．头发经过焗油护理后，吸收了营养，产生了光泽，变得_____。
　　A．柔软　　B．流畅　　C．有弹性　　D．爽快
10．拉刷法的作用是拉顺发丝，使发丝形成顾客所需要的_____。
　　A．角度　　B．弧度　　C．力度　　D．流畅度
11．只有掌握好推剪的_____，才能推剪好各种发型。
　　A．工艺技巧　　B．操作技巧　　C．关键技术　　D．操作规程
12．传统剪发操作技术_____，式样、模式较固定。
　　A．较为严密　　B．较为规范　　C．较为古板　　D．较为落后
13．美发师在为顾客修剪发型时，应随着被修剪发片部位的移动而_____。
　　A．提高角度　　B．改变修剪位置　　C．移动站位　　D．移动手位
14．挑法可使头发_____，发根站立，发干弯曲，富有弹性。
　　A．蓬松　　B．饱满　　C．平服　　D．固定

15. 推的方法是：梳齿压住头发，使部分头发往下_____，形成波纹。
    A．弯曲   B．凹陷   C．平服   D．倾斜
16. 波浪式发型的梳理方法有三种：手与刷子配合；梳子与刷子配合；_____。
    A．吹风机与梳子配合   B．吹风机与刷子配合
    C．手与梳子配合   D．手与吹风机配合
17. 刷通头发时应_____全部刷通、刷顺，使头发显出初步纹理。
    A．由表及里   B．从前到后   C．从里到外   D．从上到下
18. 梳理波浪式发型时，应按弧度大小来调整刷子旋转的_____。
    A．角度   B．方向   C．位置   D．时间
19. 刷通头发时，_____的头发不宜重刷、多刷。
    A．粗硬   B．细软   C．油性   D．干性
20. 翻刷是用刷子带动头发做_____翻转的梳理方法。
    A．180度   B．90度   C．45度   D．120度
21. _____不属于修面的质量标准。
    A．不损伤皮肤，没有不适的感觉   B．动作灵活，修剃到位
    C．修剃干净，手感光洁   D．程序不乱，刀法适宜
22. 国家规定化妆品必须注明_____和生产日期。
    A．出厂日期   B．使用日期   C．终止日期   D．保质期
23. 发式修剪完，做整体调整时，一般从_____变化修剪方法。
    A．两方面   B．多方面   C．三方面   D．四方面
24. 推剪发型时以_____为主，以剪刀、剃刀为辅。
    A．削刀   B．推子   C．美容剪   D．牙剪
25. 护发用品的主要成分有蛋白质、水、_____和天然营养物。
    A．羊毛脂   B．油脂   C．植物油   D．矿物质
26. 缺少油脂，含水量少，干枯，蓬散，不容易定型的头发称为_____。
    A．硬发   B．绵发   C．天然卷发   D．沙发
27. 用线表现面时要细心，做到_____和干净利落，不拖泥带水。
    A．柔软   B．平衡   C．均匀   D．匀称
28. 绘画中的_____能出人意料地表现出一个人的审美观、情趣和艺术直觉。
    A．透视   B．立意   C．层次   D．构图
29. 吹风造型时，吹风机的风口可采用满口送风方式，也可采用半口送风方式，应根据需要调节_____。
    A．温度   B．风力   C．热力   D．送风量
30. 配合婚礼服饰的发型多以_____为主。
    A．朴实型   B．短发型   C．披散型   D．高雅华贵型
31. 修剪头发时，剪切方式的变化能造成_____的微观变化。
    A．轮廓   B．层次   C．色调   D．发片
32. 别法的作用是把头发吹成_____的形状，使发梢紧贴头皮，增加头发的弹性。
    A．弯曲   B．微弯   C．平服   D．蓬松

33. 服务价格＝费用＋税金＋_____。
    A．物料支出   B．报酬   C．利润   D．物料消耗
34. 根据顾客_____，为其选择、推荐相吻合的洗发用品。
    A．头发的粗细   B．发质   C．发型   D．头发的长短
35. 判断头发是健康的、受损的还是细软的基本方法有_____。
    A．2种   B．3种   C．4种   D．5种
36. 美发师选择洗发液应从三个方面考虑，一是种类；二是价格；三是_____。
    A．pH值   B．质量   C．颜色   D．亲水性
37. 洗发时，水温以_____为最佳。
    A．25～30℃   B．35～45℃   C．39～42℃   D．50～60℃
38. 头部按摩涉及到4条经脉。在按摩程序上分_____线路进行头部按摩。
    A．2条   B．3条   C．4条   D．5条
39. 美发师在按摩基本功训练中，上肢姿势是两臂抬起与肩平，两肘在胸前弯成_____，双手自然平伸。
    A．80度   B．90度   C．120度   D．75度
40. 使用牙剪操作时，要特别注意_____、位置和发量。
    A．头发的多少   B．头发的粗细   C．牙剪的角度   D．拿牙剪的姿势
41. 男式发型根据留发长短分为_____大类。
    A．2   B．3   C．4   D．5
42. 男式理发一般分为_____阶段。
    A．5个   B．4个   C．3个   D．2个
43. 烫过的头发再经过_____，可塑性很强。
    A．吹风梳理   B．细微修剪   C．做花盘卷   D．编梳
44. 修剪对卷发类发型起着_____。
    A．定型作用   B．修饰作用   C．调节作用   D．打基础作用
45. 精剪可提高修剪的_____，避免重复修剪。
    A．科学性   B．细腻性   C．准确性   D．艺术性
46. 固体型发式是_____中最基本的发型。
    A．卷发类   B．束发类   C．直发类   D．短发类
47. 均等层次是指头发的长度在头部的每一部位_____。
    A．上长下短   B．上短下长   C．绝对相等   D．基本相等
48. 烫发是人们利用物理和化学的方法，通过_____作用，使头发产生形状的变化。
    A．卷杠   B．外力   C．热能   D．压力
49. 烫发时，要根据头发的长短、发量和_____，适当调整烫发时间。
    A．头发的粗细   B．发质   C．顾客的要求   D．药水质量
50. 按操作方法和发式形态划分，盘发大致可分为_____大类。
    A．2   B．3   C．4   D．5
51. 梳子配合吹风机的方法有压法、别法、挑法和_____。
    A．拉法   B．翻法   C．顶法   D．推法

52. 从专业角度看，_____洗发液产品能更好地护发。
    A．二合一　　B．微碱性　　C．高档的　　D．洗、护分开
53. 洗发时选用pH值为_____的洗发液为宜，但护发素要有一定的酸性。
    A．5~6　　B．7~8　　C．9以上　　D．4.5~5.5
54. 焗油膏内含高蛋白质等多种营养调理剂、油脂剂和_____。
    A．康复剂　　B．羊毛脂　　C．香料　　D．保湿剂
55. 止痒是洗发中的关键问题。止痒方法有抓擦、按摩、药物和_____ 4种。
    A．梳理　　B．刷发　　C．水湿　　D．轻微拍打
56. 剪刀剪发丝时，切口断面_____则属刚性。
    A．斜面较大　　B．呈垂直状　　C．呈笔尖形　　D．斜面较小
57. 剪发的四要素是：轮廓、层次、发量和_____。
    A．角度　　B．边线　　C．切口　　D．式样
58. 抓剪又称拧集剪，剪后发丝切口_____。
    A．斜面大　　B．斜面小　　C．呈垂直状　　D．呈笔尖形
59. 边沿层次又称为低层次，修剪时幅度不能低于_____。
    A．80度　　B．90度　　C．100度　　D．120度
60. 长发式的层次属于高层次，长发高层次修剪的导线在_____。
    A．底部　　B．侧部　　C．发帘部　　D．顶部
61. 正确的坐姿是上体保持站立时的姿势，两膝并拢，两腿_____。
    A．不分开　　B．略分开　　C．大分开　　D．随便放置
62. 服装是装扮、衬托_____的一个重要手段。
    A．外在美　　B．线条美　　C．发型美　　D．人体美
63. 饰品的佩戴不应超过发型面积的_____。
    A．10%　　B．20%　　C．30%　　D．40%
64. 发饰与服饰的选配原则有_____。
    A．2种　　B．3种　　C．4种　　D．5种
65. 能称得上传统发型的必然有它的特殊性，其历史性和流行性必须_____。
    A．分开　　B．一致　　C．具备　　D．两者居一
66. 制作传统发型，基本功要求较高，操作_____。
    A．严谨　　B．规范　　C．严格　　D．难度大
67. 现代流行发型讲究回归自然的_____。
    A．静态美　　B．艺术美　　C．动态美　　D．自然美
68. 缺乏油脂和水分，摸起来有粗糙感的头发是_____发质。
    A．受损　　B．中性　　C．油性　　D．干性
69. 顾客进入美发店后，美发师应面带微笑，主动上前打招呼，称呼要_____。
    A．礼貌　　B．和气　　C．适当　　D．热情
70. 剃刀的侧斜削法是由发片的_____做斜削的。
    A．反面　　B．正面　　C．上面　　D．侧面
71. 剪发时分发区要准确，发片_____，厚度要保持一致，避免误差。

A．均等　　B．匀称　　C．要薄　　D．要厚

72．头皮屑形成的原因有_____。
A．2种　　B．3种　　C．4种　　D．6种

73．按摩手法要求：持久、有力、均匀且_____。
A．有深度　　B．缓慢　　C．平稳　　D．柔和

74．推子在使用前应用_____的酒精消毒。
A．30%　　B．45%　　C．75%　　D．60%

75．美发师的礼貌用语是_____的具体体现。
A．服务态度　　B．服务项目　　C．服务规范　　D．服务质量

76．美发师与顾客交谈时要注意使用礼貌用语，"请"字当头，_____不离口。
A．"谢"字　　B．"是"字　　C．"您"字　　D．"好"字

77．美发师对于熟顾客，要注意称呼其姓氏，然后询问需要哪些_____。
A．美发要求　　B．美发服务　　C．美发项目　　D．美发价格

78．美发师在美发经营活动中，发现违法行为时要及时_____。
A．阻止　　B．批评　　C．禁止　　D．报告

79．美发师当日工作结束后，要做好卫生工作和对下一班的交接_____。
A．意见　　B．问题　　C．内容　　D．工作

80．美发店工作人员如果发现顾客遗留在美发店的物品，要设法尽快交还顾客或报告上级_____。
A．有关领导　　B．有关单位　　C．有关部门　　D．管理部门

81．美发师的仪表反映了美发厅的_____。
A．服务水平　　B．服务质量　　C．服务标准　　D．服务水准

82．美发师的着装要整洁，上岗要穿工作服，工作服要_____。
A．整齐美观　　B．新颖时尚　　C．整齐干净　　D．整齐一致

83．美发师的一言一行、一举一动都反映了美发接待服务的_____。
A．服务水平　　B．服务质量　　C．服务标准　　D．服务水准

84．美发师的仪表是美发接待服务工作中的一个重要_____。
A．内容　　B．措施　　C．方面　　D．项目

85．女士站立时，双腿要并拢，双脚呈V字形或_____。
A．A字形　　B．U字形　　C．S字形　　D．丁字形

86．男士站立时，双脚应平行分开，与肩_____。
A．平齐　　B．相随　　C．同宽　　D．平行

87．修剪和推剪都是制造发型层次_____的手段。
A．轮廓　　B．外沿　　C．边线形状　　D．形状

88．吹风的技巧之一就是要巧妙运用吹风机的_____。
A．风速　　B．温度　　C．热度　　D．热和力

89．正确使用发乳，不但可以使头发有光泽，还可以预防头发_____。
A．开叉　　B．受损　　C．干枯　　D．折断

90．为了保护头发的健康，必须保持头皮的_____。

A．湿度　　B．温度　　C．亮度　　D．清洁

91．线与面两者互为关联，目的都是突出_____。
　　A．画面　　B．构思　　C．主体　　D．效果

92．美发师站立时，两臂要自然下垂，双肩稍向后并放松，双手不要_____。
　　A．叉腰　　B．弯曲　　C．抬起　　D．交叉

93．正确的站姿是人在站立时身体要_____。
　　A．直立　　B．端正　　C．放松　　D．自然

94．女士落座时，双膝应尽量_____。
　　A．并齐　　B．分开　　C．靠拢　　D．错开

95．美发店对美发师的要求有_____。
　　A．岗位责任　　B．工作制度　　C．技术要求　　D．卫生要求

96．前额开阔、两腮突出、下颌较短的脸形称为_____。
　　A．圆形脸　　B．三角形脸　　C．倒三角形脸　　D．方形脸

97．侧面脸形有_____类型。
　　A．2种　　B．3种　　C．4种　　D．6种

98．顶刷法的作用是调整_____。
　　A．局部结构　　B．发型轮廓　　C．局部轮廓　　D．整体轮廓

99．滚刷法的作用是_____。
　　A．使发梢飘逸　　　　　B．使发根站立
　　C．增强头发的硬性和光泽　D．使发丝流向明确

100．拧集剪法能使发式边缘呈现_____。
　　A．平直线　　B．凹形　　C．V字形　　D．W字形

101．吹风造型是_____与技术结合最为紧密的一道美发工序。
　　A．塑造　　B．技艺　　C．艺术　　D．手艺

102．做花时，_____选择要准确，排列要富于变化，并烘干吹透，这样发丝才能有弹性。
　　A．发杠　　B．发卷　　C．立卷　　D．发干

103．美发店的仪器、设备要延长使用寿命，必须坚持_____。
　　A．日常维护　　B．精心保护　　C．日常保养　　D．经常保洁

104．除采用直线分发片卷杠外，还可采用_____分线卷杠，避免烫发后发卷之间留下痕迹。
　　A．砌砖形　　B．扇形　　C．锯齿形　　D．十字形

105．美发店的美发服务项目有多种，在经营中可以做单项也可以几项一起做，主要根据顾客的_____而定。
　　A．需求　　B．条件　　C．爱好　　D．意见

106．_____可保持头皮血液循环良好，促进头发健康生长，同时也为发式修剪和吹风梳理打好基础。
　　A．梳发　　B．流头　　C．护发　　D．润发

107．使用电推子、剪刀可将头发推剪或_____成一定的发式。

A．削剪　　B．三骨剪　　C．修剪　　D．飘剪

108．烫发后在卷发的基础上进行盘卷梳理，使卷发产生更多的发式变化的美发项目称为_____。

A．冷烫　　B．钳烫　　C．电烫　　D．水烫

109．修复受损头发，给头发增加营养，使头发光泽、自然的美发项目是_____。

A．营养护发　　B．保湿养发　　C．焗油护发　　D．按摩养发

110．染发是通过化学药品改变头发原有的_____，使头发染深或者染浅。

A．颜色　　B．色素　　C．基色　　D．底色

111．通过染发用品改变头发原有的色素叫染深或者_____。

A．染浅　　B．染黄　　C．染黑　　D．染红

112．染发的过程即是漂浅天然色素和氧化_____的过程。

A．天然色素　　B．植物色素　　C．人工色素　　D．矿质元素

113．染发是通过染发膏内的氨的作用放出氧分子，氧分子把天然色素漂浅至目标色的_____。

A．基色　　B．浅色　　C．黄色　　D．底色

114．染发产品一般分为4种，即短暂性产品、半永久性产品、永久性产品和_____。

A．长期性产品　　B．临时性产品　　C．一次性产品　　D．原色染发剂产品

115．男式吹风操作前的准备工作有擦干头发、_____和分头缝。

A．涂抹发油　　B．剪齐边线　　C．局部修饰　　D．调整层次

116．美发师对顾客的合理建议要_____。

A．虚心接受　　B．认真对待　　C．答谢顾客　　D．诚心欢迎

117．美发师应虚心接受顾客的批评和建议，对其合理部分要_____。

A．诚恳接受　　B．认真采纳　　C．不予理睬　　D．慎重考虑

118．三角形脸的特征是前额较窄，腮部突出，下颌较短，形成上窄下宽的三角形，给人以_____。

A．成熟感　　B．宽厚感　　C．信任感　　D．稳健感

119．反三角形脸的特征是前额宽，下颌较尖，给人以_____。

A．清瘦感　　B．体弱感　　C．灵敏感　　D．忠厚感

120．美发店要做好设备的日常维修与保养工作，使设备处于良好的_____。

A．工作状态　　B．安全状态　　C．使用状态　　D．待用状态

121．枕骨凸头形的主要特点是枕骨处凸起较高，使头形横向加长，看起来头形有变_____。

A．圆的感觉　　B．长的感觉　　C．扁的感觉　　D．方的感觉

122．椭圆头形的特征是前顶点、中顶点、枕骨点连线后呈椭圆形，此头形是_____。

A．标准头形　　B．正规头形　　C．美的头形　　D．规范头形

三、技 能 试 题

第一题 洗发（坐洗）

1. 内容及操作要求

(1) 要求发际线内有皂沫，皂沫不滴淌在围布上，不落在顾客脸、颈部。
(2) 抓擦手法灵活，顾客头部无大幅度颠动。
(3) 按摩线路清晰，穴位准确，手法得当。
(4) 冲洗干净，头发蓬松柔顺。
(5) 毛巾包头平整，不松散。

2. 准备工作

准备好毛巾、围布、发刷各1件，洗发液1瓶。

3. 考核时限

(1) 基本时间　准备时间1分钟，正式操作时间8分钟。
(2) 时间允差　每超过30秒钟扣1分，不足30秒钟按30秒钟计算。超过2分钟不计成绩。

4. 评分项目及标准（见表Ⅱ—2）

表Ⅱ—2

序号	评分要点	配分	评分标准
1	发际线内皂沫充分	60	发际线内皂沫不充分，头发未得到充分浸润扣5分
2	皂沫不滴淌在围布上，不落在顾客脸、颈部		皂沫滴在围布上扣5分，落在顾客脸、颈部扣10分
3	抓擦手法灵活，顾客头部无大幅度颠动		抓擦手法不灵活扣5分，顾客头部颠动幅度过大扣5分
4	按摩线路清晰，穴位准确，手法得当		按摩线路不清晰扣5分，穴位不准确一次扣1分，手法不得当扣5分
5	冲洗干净，头发蓬松柔顺	40	冲洗不干净扣5分，头发蓬松柔顺欠佳扣10分
6	毛巾包头平整，不松散		毛巾包头不平整扣5分，包头松散扣10分
7	准备工作：围毛巾，围布，刷发，备洗发液1瓶		准备工作差一项扣1分，围毛巾、围布、刷发手法错误一项扣1分

第二题 男式剪发

1. 内容及操作要求

要求掌握"三线"（发际线、基线、发式轮廓线）、"三部"（顶部、中部、底部）及各点之间的协调关系，无论是短发、中长发、长发都要做到色调匀称，两边相等，轮廓齐圆，厚薄均匀，高低适度，前后相称。

2. 准备工作

准备好电推子、剪刀、削发刀、牙剪、剪发梳、小抄梳等所需工具。

3．考核时限

(1) 基本时间　准备时间1分钟，正式操作时间25分钟。

(2) 时间允差　每超过1分钟扣1分，不足1分钟按1分钟计算。超过5分钟不计成绩。

4．评分项目及标准（见表Ⅱ—3）

表Ⅱ—3

序号	评分要点	配分	评分标准
1	掌握三线：发际线、基线、发式轮廓线	10	三线任何一线掌握不好扣2分
2	做好三部：顶部、中部、底部不脱节	10	三部任何一部做不好扣2分，脱节扣4分
3	色调匀称，两边相等	25	色调不匀称扣5分，两边不相等扣10分
4	轮廓齐圆，厚薄均匀	20	轮廓齐圆欠佳扣5分，厚薄不均匀扣5分
5	高低适度，前后相称	25	鬓角高低不适当扣5分，前后发不相称扣10分
6	备齐理发所需工具	10	所需理发工具差一项扣1分

第三题　男发吹梳造型

1．内容及操作要求

要求熟练掌握吹梳工具的使用技巧，手法灵活，完成发式造型要求，轮廓齐圆，饱满自然，头路明显、整齐，丝纹清楚不乱，周围平服，顶部有弧形感，不痛不焦，发型持久。

2．准备工作

准备好吹风机（烘发器）1台，梳子、刷子及发油、摩丝、啫喱等吹梳造型必备用品。

3．考核时限

(1) 基本时间　准备时间2分钟，正式操作时间15分钟。

(2) 时间允差　每超过1分钟扣1分，不足1分钟按1分钟计算。超过5分钟不计成绩。

4．评分项目及标准（见表Ⅱ—4）

表Ⅱ—4

序号	评分要点	配分	评分标准
1	熟练掌握吹梳工具的使用技巧，手法灵活	18	吹梳工具使用技巧不熟练扣5分，手法不灵活扣5分
2	轮廓齐圆，饱满自然	18	轮廓散乱不清扣5分，凹凸不自然扣5分
3	头路明显、整齐，丝纹清楚不乱	18	头路不明显扣5分，丝纹散乱扣5分
4	周围平服，顶部有弧形感	18	周围不平服、发梢翻翘扣5分，顶部弧形不完整扣5分
5	不痛不焦，发型持久	18	头皮灼痛扣5分，头发焦煳扣5分，发型不牢固扣5分
6	吹梳工具及固发用品齐备	10	吹梳工具及固发用品差一项扣1分

第四题　女发吹梳造型

1．内容及操作要求

要求熟练掌握吹梳工具的使用技巧，手法灵活。完成发型要求线条流畅，丝纹清楚，结构完美，额前、顶部及两侧纹样具有发式特点，轮廓饱满。能配合脸形，使整体统一、和谐，给人以美感。发式牢固持久，方便梳理，发式自然，流畅飘逸，富有弹性，自理方便，平服、完美，没有做作之感。

2．准备工作

准备好吹风机（烘发器）1台，梳子、刷子及摩丝、发胶等吹梳造型必备用品。

3．考核时限

（1）基本时间 准备时间2分钟，正式操作时间15分钟。

（2）时间允差 每超过1分钟扣1分，不足1分钟按1分钟计算。超过5分钟不计成绩。

4．评分项目及标准（见表Ⅱ—5）

表Ⅱ—5

序号	评分要点	配分	评分标准
1	熟练掌握吹梳工具的使用技巧，手法灵活	10	吹梳工具使用技巧不熟练扣5分，手法不灵活扣5分
2	线条流畅，丝纹清楚，结构完美，额前、顶部及两侧纹样具有发式特点	25	线条、丝纹散乱扣5分，结构不完整扣5分，顶部、两侧缺乏发式特点扣5分
3	轮廓饱满，能配合脸形，使整体统一、和谐，给人以美感	25	轮廓欠饱满扣5分，不能配合脸形扣5分，缺乏美感扣5分
4	发式牢固持久，方便梳理	10	发式松散扣5分，梳理不方便扣5分
5	发式自然，流畅飘逸，富有弹性，自理方便，平服、完美，没有做作之感	25	缺乏自然流畅扣5分，缺乏弹性扣5分，翻翘、不完美扣5分
6	吹梳造型所需工具和用品齐备	5	梳子、刷子、发胶等必备工具和用品缺一项扣1分

第五题 剃须、修面

1．内容及操作要求

（1）剃须 按照先顺剃、后逆剃、再顺剃的步骤操作，灵活运用正手刀、反手刀、推刀、削刀和滚刀。

（2）修面 要做到不损伤顾客皮肤，顾客皮肤没有不适（如刺痛）的感觉，修剃干净，手感光洁，程序不乱，刀法适宜。

2．准备工作

准备好剃刀1把，热毛巾、皂缸（或剃须膏）、胡刷等。

3．考核时限

（1）基本时间 准备时间1分钟，正式操作时间8分钟。

（2）时间允差 每超过30秒钟扣1分，不足30秒钟按30秒钟计算。超过2分钟不计成绩。

4．评分项目及标准（见表Ⅱ—6）

表Ⅱ—6

序号	评分要点	配分	评分标准
1	剃须操作程序：①涂皂液；②焐热毛巾；③趟刀；④再涂皂液；⑤剃须；⑥用毛巾揩面	10	剃须程序缺一项扣2分，颠倒一项扣2分
2	按照先顺剃、后逆剃、再顺剃的步骤操作	10	顺剃→逆剃→顺剃，缺一项扣5分

续表

序号	评分要点	配分	评分标准
3	灵活运用正手刀、反手刀、推刀、削刀和滚刀等手法	10	正手刀、反手刀、推刀、削刀和滚刀缺一项扣2分,刀法不灵活扣5分
4	修面操作程序:①修剃前额;②修剃眉间及上眼睑;③修剃左右脸颊;④收刀	10	修面程序缺一项扣5分,颠倒一项扣2分
5	左手的3种配合方法:张法、拉法和捏法	10	张法、拉法和捏法缺一项扣5分,方法错误扣2分
6	不损伤顾客皮肤,顾客皮肤没有不适的感觉	25	损伤顾客皮肤扣10分,顾客感觉皮肤不适扣10分
7	修剃干净,手感光洁	25	修剃不干净扣10分,手感不光洁扣5分

四、模拟试卷

知识考核模拟试卷一

（一）**判断题**　下列判断正确的请打"√"，错误的打"×"。每题1分，共40分。

1．美发师在接待服务中，要按照顾客进店的先后顺序或预约时间为顾客提供服务。（　　）
2．美发师在接待服务中，要按顾客要求安排服务程序，按质量标准进行美发操作。（　　）
3．美发师工作守则是规范美发企业制度的重要组成部分。（　　）
4．美发师的仪表仅仅是美发服务中的一个方面，不能反映美发店的服务质量水准。（　　）
5．美发师在工作时间不得擅离岗位，以保证为顾客服务好。（　　）
6．美发企业岗位责任是美发师为顾客服务质量的保证，全体美发师均应履行自己的岗位职责。（　　）
7．美发师必须牢固树立职业道德，热忱礼貌地接待每一位顾客。（　　）
8．美发师在请顾客入坐时应辅之礼貌的语言、诚恳的态度，同时要以手势将客人引入坐位。（　　）
9．美发师请顾客入坐时应辅之以手势，手势要准确，动作要自然大方。（　　）
10．美发师对外国顾客要给予特别关照。（　　）
11．美发师对老年人或病残者、孕妇等行动不便者应给予爱护。（　　）
12．保持美发店内空气新鲜和流通是保证顾客、美发师身心健康的重要措施。（　　）
13．美发师为顾客服务使用敬语时，吐字要轻缓，发音要准确，态度要和蔼，使顾客满意。（　　）
14．美发师在服务时不用对顾客使用敬语，只要表达清楚即可。（　　）
15．美发师只有掌握不同脸形的特征，设计出的发型才能与人的整体相协调。（　　）
16．长方形脸的特征是前额发际线生长较低，下颌较长，下腮呈方形。这种脸形的人给人一种不实在的感觉。（　　）
17．美发师在审视头形时一般要从正面进行，以保证准确性。（　　）
18．审视头形要从侧面进行。审视的主要部位有前顶部、中顶部和枕骨部。（　　）
19．直线形脸的特征是前额部、口部、下颌部近似在一条直线上，从侧面看是标准脸形。（　　）
20．斜线形脸的特征是下颌最为内收，前额部位外延，从侧面审视有上升之感。（　　）
21．尖顶头形的特点是头的中顶部位向上鼓起，不但有拉长头形的感觉，还有增高身材的视觉。
22．平顶头形的特点是前顶部和中顶部呈凸起状，给人一种抬高头形的感觉。（　　）
23．按摩术通过经络作用，使其以外治形，达到舒筋活血、理气提神、经血畅通、改善全身新陈代谢等目的。（　　）
24．按摩术把中医学中的"八纲""六诊""脏腑"等经络学说作为按摩的重要理论基础。（　　）
25．美发店保持室内空气新鲜和流通，主要是为了避免细菌的传播，吹散空气中的有害物质，保证身体健康。（　　）
26．绵发由于头发细软，比较服帖，便于梳理造型。（　　）
27．自然卷发含水量多，油脂也较多，这种发质不易造型。（　　）
28．酸性冷烫精属于高档美发产品，主要成分是碳酸铵，pH值在6以下。（　　）
29．冷烫精的pH值在8以上，接近头发正常的pH值，对头发起到保护作用。（　　）
30．洗发用品的作用是清洗和除去头发表面的污垢、油脂、灰尘、头皮屑以及残留在头发上的其他化学用品。（　　）
31．洗发香波的主要成分是洗涤剂、活性剂、泡沫剂、调理剂和滋润剂等。（　　）
32．电轧刀（推子）的外壳由底壳和上盖两部分组成。（　　）
33．电轧刀内的绕组和磁铁就是电轧刀的转动和调节部分。（　　）
34．美发工具和用品可分为修剪类（推剪类），吹风梳理类，烫发类以及染发、护发类四大类。（　　）
35．染发、护发类工具和用品有调色器皿、药刷、胡刷、烘干机、空心卷等。（　　）
36．大型美发剪长26厘米左右，剪刀有立口和坡口两种形式。（　　）
37．牙剪俗称去薄剪，它由两片组成，一片是刀刃，另一片是锯齿状刀刃。锯齿状刀刃按一长一短穿插排列，能起到增加发量的作用。（　　）
38．为了进一步强化按摩效果，按摩手法要多变，动作要有力，达到一定深度才能有治疗效果。（　　）
39．身体按摩是健体强身、防病治病的重要手段。（　　）
40．按摩选穴准确与否对治疗效果有直接的影响。（　　）

（二）**单项选择题**　下列每题有4个选项，其中只有1个选项是正确的，请将其代号填在横线空白处。每题1分，共60分。

1．合理制定美发服务价格，关系到国家　　　　在美发行业的贯彻。
　　A．政策　　B．法规　　C．利益　　D．税收
2．价值的货币表现是　　　　。
　　A．劳务　　B．物品　　C．政策　　D．价格
3．头部按摩的第四条路线是足少阳胆经和手少阳　　　　。
　　A．足太阳经　　B．大肠经　　C．肾脉　　D．三焦经
4．美发服务的价格问题，顾客很敏感，企业很关心，同时也影响到国家　　　　。
　　A．制度　　B．税收　　C．利益　　D．法律
5．头发的漂洗是通过漂发用品改变头发原有的色素，使其　　　　。
　　A．变浅　　B．变黄　　C．变白　　D．变灰

6．当头发漂浅时会呈现出不同程度的_____。
   A．金色   B．暖色   C．间色   D．相色
7．漂浅的过程是退去原有_____的过程。
   A．底色   B．基色   C．色素   D．黑色
8．使用漂发用品可改变头发原有的_____。
   A．黑色   B．基色   C．底色   D．色素
9．漂浅通常采用双氧水加氨水涂在头发上，然后通过加温使头发_____。
   A．变黄   B．变深   C．变浅   D．变红
10．使用漂粉与氧化剂可使头发里的_____逐渐流失而变浅。
   A．人工色素   B．天然色素   C．植物色素   D．矿质元素
11．头发的漂洗过程中，基底色会从深红色慢慢地变成橙色，最后变成_____。
   A．橘黄色   B．浅黄色   C．深黄色   D．蛋黄色
12．当头发漂浅时会呈现出不同程度的暖色，这些暖色并非_____。
   A．人工色素   B．植物色素   C．调配色素   D．保鲜色素
13．美发师与顾客交谈时语言要亲切，态度要和蔼，声音要自然，说话要_____。
   A．清楚   B．礼貌   C．明白   D．清晰
14．对顾客的询问要及时回答，要有耐心，尽量给予解答，不能_____。
   A．不懂装知   B．不懂装懂   C．不懂装会   D．不懂装行
15．常用礼貌用语有您好、请、对不起、_____。
   A．请原谅   B．真棒   C．好的   D．就这样吧
16．逆剃的操作程序是：①剃左颈至左面颊；②剃右颈至右面颊；③_____。
   A．剃前额部分   B．剃耳轮和鼻翼   C．剃下颌和上唇部   D．剃胡须
17．仪态是指人们在交际过程中所表现出来的姿态和_____。
   A．魅力   B．形象   C．风度   D．个性
18．美发师的仪态是指美发师在服务过程中的_____。
   A．举止   B．行动   C．精神   D．动作
19．塑造发型时，采用倒梳法的主要目的是_____。
   A．制造层次   B．梳乱头发   C．增加发量   D．使发梢飘逸
20．美发工具可分为修剪类、吹风梳理类、烫发类和_____四大类。
   A．染发、护发类   B．洗发、焗发类
   C．剃须、修面类   D．头（面）部按摩类
21．吹风梳理类所用工具有不同形状的发梳、排骨刷、滚刷、九行刷、发刷等_____。
   A．6种   B．9种   C．5种   D．8种
22．吹风梳理类的用品有空心塑料卷和_____。
   A．鸭嘴夹   B．发网   C．卡针   D．蝴蝶夹
23．修推剪类用品有围布和_____。
   A．喷水壶   B．鸭嘴夹   C．颈项纸   D．毛巾
24．按摩是强身健体、防病治病的重要_____。
   A．手段   B．措施   C．目的   D．基础

·32·

25．按摩选穴准确与否对治疗效果有直接的_____。
　　A．成果　　B．影响　　C．作用　　D．疗效
26．为了进一步强化按摩效果，按摩手法要_____。
　　A．有力　　B．平稳　　C．持久　　D．连贯
27．按摩时手法轻重深浅要适宜，过之或不及都会影响治疗_____。
　　A．目的　　B．作用　　C．要求　　D．效果
28．固发用品（又称定型剂）中的定型发胶分为一般型和_____。
　　A．普通型　　B．特硬型　　C．粗糙型　　D．混合型
29．固发用品的种类有定型发胶、摩丝、啫喱水、啫喱膏及_____。
　　A．发蜡　　B．发油　　C．发膏　　D．发露
30．不吹风的发型可使用摩丝或_____保护发型。
　　A．护发液　　B．固发水　　C．啫喱膏　　D．保湿霜
31．固发用品的特点是可以塑造出不同的发型，还可以使做好的发型保持_____。
　　A．耐久　　B．弹性　　C．美观　　D．持久
32．从头面部的印堂至前额发际线正中直度为_____。
　　A．6寸　　B．5寸　　C．3寸　　D．4寸
33．从前额发际线至后颈部发际线正中直度为_____。
　　A．12寸　　B．10寸　　C．14寸　　D．8寸
34．上肢的肘部横纹至腕部（掌面）侧横纹直度为_____。
　　A．14寸　　B．12寸　　C．10寸　　D．16寸
35．下肢的股骨大转子至髌骨下直度为19寸，腘横纹至外踝尖高点直度为_____。
　　A．18寸　　B．14寸　　C．12寸　　D．16寸
36．按摩时在眉梢与外眼眦的中点后约一寸的凹陷处为_____。
　　A．率谷穴　　B．太阳穴　　C．上关穴　　D．头维穴
37．面部穴位很多，约有几十个。在两鼻翼外侧五分处为_____。
　　A．四白穴　　B．睛明穴　　C．迎香穴　　D．承泣穴
38．面部穴位主要有印堂、睛明、攒竹、丝竹空、地仓、人中等，眼眶正中凹陷处为_____。
　　A．太阳穴　　B．头维穴　　C．承泣穴　　D．鱼腰穴
39．按摩时不同的手法施力的方式不同，如点、压、按应为_____。
　　A．垂直用力　　B．缓慢用力　　C．间断用力　　D．连续用力
40．按摩时动作要有节奏感，用力要平稳、缓慢，轻重要适宜，以患者_____为准。
　　A．不知不觉　　B．舒适平稳　　C．不叫喊　　D．不知其苦
41．《按摩十卷》记述了按摩的_____。
　　A．形成　　B．起源　　C．进步　　D．疗效
42．在甲骨文中记载的自我按摩法叫_____。
　　A．摩面　　B．干浴　　C．触摸　　D．揉擦
43．据《唐六典》记载，在宫廷的太医中设有按摩师_____。
　　A．60人　　B．552人　　C．58人　　D．56人

44．明代将按摩术改为_____。
　　A．推拿　　B．正骨　　C．放捶　　D．捶背
45．直线形脸的特征是前额部、口部、下颌部近似在一条直线上，从侧面看是_____。
　　A．正规脸形　　B．突出脸形　　C．标准脸形　　D．准确脸形
46．外曲线形脸的特征是前额和下颌凹陷，中间部位突出，给人的感觉_____。
　　A．圆肿　　B．圆润　　C．突出　　D．凹陷
47．内曲线形脸的特征是前额部位和下颌部位突出，面部中间处凹陷，正面审视给人的印象是_____。
　　A．圆润　　B．扁平　　C．突出　　D．丰满
48．斜线形脸的特征是下颌最为前突，前额部位_____。
　　A．外延　　B．平坦　　C．圆润　　D．内收
49．微碱性冷烫精的主要成分是碳酸氢铵，其pH值为_____。
　　A．7~8　　B．6~7　　C．8~9　　D．5~6
50．无论哪一类冷烫精，其烫发原理都_____。
　　A．不一样　　B．一样　　C．大致相同　　D．有区别
51．头部按摩穴位有25个，在按摩程序上分_____路线来进行。
　　A．6条　　B．5条　　C．4条　　D．3条
52．头部按摩程序第一条路线是从_____的神庭到哑门。
　　A．任脉　　B．督脉　　C．风池　　D．颈椎
53．头部按摩程序第二条路线是从眉冲到天柱的足太阳_____。
　　A．膀胱经　　B．任脉　　C．大肠经　　D．三焦经
54．美发服务的价格构成，是指美发师利用企业的设备、工具和_____为顾客进行美发服务而支出的社会劳动的货币表现。
　　A．服务质量　　B．服务技术　　C．服务效果　　D．服务时间
55．美发企业的服务收费价格由成本、费用、税金和_____构成。
　　A．利润　　B．收入　　C．劳务　　D．技术
56．美发师要注意休息，保持良好的精神状态，上班时不能面带_____。
　　A．乏困　　B．劳累　　C．疲倦　　D．倦容
57．美发服务价格构成公式是：_____
　　A．费用＋税金＋服务　　B．税金＋劳务＋利润
　　C．利润＋费用＋支出　　D．费用＋税金＋利润
58．美发师的仪表包括容貌、姿态、个人卫生和服饰，它们是其精神面貌的外在_____。
　　A．表现　　B．展示　　C．现象　　D．显露
59．美发师的仪容要大方，指甲要常修剪，不留长_____。
　　A．发型　　B．指甲　　C．胡须　　D．发辫
60．美发师每天上班前要检查自己的仪表后才能_____。
　　A．服务　　B．工作　　C．上岗　　D．接待

知识考核模拟试卷二

（一）**判断题** 下列判断正确的请打"√"，错误的打"×"。每题1分，共40分。

1．美发企业的服务收费价格由成本、费用、税金和利润构成。（　）
2．美发服务的价格构成公式是：服务价格＝费用＋税金＋利润。（　）
3．美发企业在向顾客提供服务的过程中，需要美发师付出劳动和技术，盈得利润，这样才有能力获得劳动报酬。（　）
4．合理制定美发企业的服务价格，关系到国家政策在美发行业的贯彻，关系到国家、经营者和消费者的利益。（　）
5．美发企业的服务价格问题，美发师应非常重视，因为它会影响企业收入和个人利益，所以定价宁高勿低，以保证企业收入。（　）
6．用吹风机配合梳刷，可将潮湿的头发吹干，并梳理成一定的发式。（　）
7．电钳烫可使头发卷曲，使发型显得饱满，增加发量，改变头发外形。（　）
8．美发师与顾客交谈时，要使用规范语言，称呼要得当，以尊称开口，表示欢迎顾客。（　）
9．顾客讲话时美发师要仔细倾听，表情自然地看着顾客，不要打断顾客讲话。（　）
10．美发师与顾客交谈时，要注意使用敬语，"请"字当头，"谢"字不离口。（　）
11．美发师与顾客交谈时要注意使用敬语，说话要自然，态度要和蔼。（　）
12．美发师对熟客要注意称呼姓氏，主动询问顾客需要哪些美发服务。（　）
13．美发师走路时身体要挺直，站立时不可左右摆动，两腿不分开或稍分开，双膝靠拢。（　）
14．女士穿礼服或旗袍走路时步子要迈得小一些，保持美姿。（　）
15．美发店的按摩用具主要有座椅、躺椅，有条件的美发店可设按摩床、按摩枕等。（　）
16．按摩器具主要是为减轻按摩师体力消耗，消除劳累，提高按摩效率，保证治疗措施，缓解病情而设置的。（　）
17．按摩时使用器具，可减轻按摩师的体力消耗，又可加大按摩刺激强度，强化治疗效果。（　）
18．对年老体弱者做按摩时，手法要轻、稳，宁轻勿重。（　）
19．患有严重高血压、皮肤病、传染病、糖尿病或慢性传染病者不宜做按摩。（　）
20．按摩的各种手法大都来源于人类的日常生活动作，如抚摸、擦搓、按压、揉捏等。（　）
21．按摩用力强弱要根据顾客要求而定，所采取的措施应重而不滞。（　）
22．按摩手法很多，可按病情类型采取几种手法，交替使用，互相配合，以达到强身健体的效果。（　）
23．点压类按摩手法以压力刺激肌肉群，使肌肉弹性收缩，从而产生全身舒适的感觉。（　）
24．头部按摩方向应从前至后、从上至下，并结合各种手法的点、按、推、提、拿来进

行按摩。（　）
25．头部按摩涉及到4条经脉，在按摩程序上应分4条线路来进行。（　）
26．根据市场经济规律，美发服务定价中的成本一般应以社会中等平均成本水平为准。（　）
27．美发服务的具体成本包括：工具、设备先进程度、卫生状况，以及美发师技术水平和服务环境的档次。（　）
28．搞好美发店的卫生不仅是对顾客健康负责，而且也是对美发师的健康负责。（　）
29．美发店的环境卫生非常重要，搞好美发店的卫生主要是为了避免细菌的传播。（　）
30．美发师的个人卫生很重要，在工作中必须养成讲究卫生的习惯。（　）
31．美发师要养成良好的卫生习惯，在工作中必须做到"五勤"和"四坚持"。（　）
32．美发服务中使用的棉织品可采用一客一换一消毒的方法，也可用含量为6%的来苏水浸泡70分钟来消毒。（　）
33．对剃刀消毒，除用75%的酒精擦拭或浸泡外，还可用酒精灯的火焰烧烤消毒。（　）
34．根据头发的软硬性质和含水量等特征，可将头发分为干性头发、湿性头发、油性头发等几种类型。（　）
35．头发的种类很多，因性别和年龄不同而各有差异，成人头发直径最粗的约0.08~0.1毫米。（　）
36．在美发专业中，人的脸形可分为正面脸形、侧面脸形及五官比例三种。（　）
37．正面脸形多采用黄金分割法，将脸形分为直线形脸、曲线形脸、斜线形脸等。（　）
38．椭圆形脸没有骨骼凸出点，脸形展现出柔和的曲线，给人以文静、秀丽之美，通常称为鹅蛋脸。（　）
39．人的毛发可分为软毛、硬毛、粗毛三大类，分别生长在手掌、躯干四肢、面部、颈部等部位。（　）
40．毛发是皮肤的附属物，它不能离开皮肤而独立存在。（　）

（二）**单项选择题**　下列每题有4个选项，其中只有1个选项是正确的，请将其代号填在横线空白处。每题1分，共60分。

1．按摩时，为减轻按摩师的体力消耗，可用＿＿＿＿按摩器辅助。
　　A．十字形　　B．丁字形　　C．人字形　　D．丰字形
2．按摩时，为加大按摩刺激强度，强化治疗效果，按摩方法应采用＿＿＿＿。
　　A．摇动式　　B．推动式　　C．滚动式　　D．击打式
3．对年老体弱者进行按摩时，手法要轻而稳，＿＿＿＿。
　　A．宁轻勿重　　B．宁慢勿快　　C．宁稳勿急　　D．宁细不粗
4．患有严重高血压和＿＿＿＿不宜做按摩。
　　A．皮肤过敏者　　B．痴呆患者　　C．心脏病者　　D．年长者
5．皮肤的基底层与真皮层的交接面呈波浪形，它们之间有一层通透性的膜，称为＿＿＿＿。

A．软膜　　B．基膜　　C．细胞膜　　D．颗粒膜
6. _____不宜做按摩。
   A．老年妇女　B．肥胖妇女　C．中年妇女　D．经期妇女
7. 美发服务成本包括_____、房屋折旧或房租等费用。
   A．设备更新　B．设备维修　C．设备保养　D．设备折旧
8. 美发服务成本主要包括_____、水费、电费、燃料费、修理费等。
   A．物品更换费　B．清洁费　C．物料消耗费　D．物料丢失费
9. 美发人员的工资、奖金、福利费、_____等构成美发服务成本的重要内容。
   A．清洁费　B．管理费　C．环保费　D．医疗费
10. 设备折旧费、_____或房租均是构成美发服务成本的重要方面。
    A．房屋折旧费　B．房屋维修费　C．房屋装修费　D．房屋保险费
11. 按摩术是我国医学的宝贵遗产，有着悠久的_____。
    A．历史　B．传统　C．技术　D．文化
12. 按摩术是美容美发、健肤强身的重要_____。
    A．手段　B．目的　C．要求　D．措施
13. 按摩术是中华民族特有的医疗保健_____。
    A．技术　B．手段　C．方法　D．理论
14. 按摩就是施于人体的不同部位和经穴上，进行特定的肢体_____。
    A．运动　B．锻炼　C．保健　D．活动
15. 根据头形的不同形状，可分为椭圆头形、尖顶头形、枕骨凹头形等_____。
    A．3种　B．5种　C．4种　D．6种
16. 审视头形要从头的侧面进行，审视主要有三个部位：即前顶部、中顶部和_____。
    A．枕骨部　B．上顶部　C．前额部　D．头后部
17. 素描方法中有一种是单线描绘物体，如中国画的白描、速写，它又称为_____。
    A．单线素描　B．组合素描　C．结构素描　D．双线素描
18. 以明暗为手段，表现物体体积的方法是_____。
    A．结构法　B．组合法　C．结合法　D．明暗法
19. 美容剪刀可分立口和_____两种类型。
    A．斜口　B．坡口　C．锯齿　D．平口
20. 剃刀有_____和一次性刀刃等多种。
    A．活动刀刃　B．直把刀刃　C．拆把刀刃　D．固定刀刃
21. 顾客进入美发店内，接待人员首先应主动_____。
    A．安排坐位　B．搞好卫生　C．上前问候　D．准备操作
22. 美发师在操作之前应首先向顾客_____。
    A．询问要求　B．介绍项目　C．准备工具　D．介绍注意事项
23. 美发师在服务中需要向顾客介绍美发店的_____。
    A．服务特点　B．人员配置　C．技术水平　D．经营特色
24. 美发师在服务过程中应与顾客沟通_____。
    A．发型式样　B．梳理方法　C．特殊要求　D．生理知识

25．美发师要遵守美发店的考勤、卫生、财务、安全、接待服务等各项_____。
   A．管理内容   B．管理制度   C．管理方式   D．管理要求
26．美发师在为顾客美发之前应_____。
   A．提出建议   B．了解顾客   C．准备操作   D．备好工具
27．美发店要安全使用工具、设备和仪器，并做好设备的_____。
   A．日常维修   B．正确使用   C．精心保养   D．定期检查
28．美发师的工作守则是美发店服务规范的_____。
   A．重要保证   B．重要内容   C．重要责任   D．关键所在
29．美发师对于顾客提出的无理的批评意见要_____。
   A．耐心解释   B．态度端正   C．虚心接受   D．引以为戒
30．美发师在接待老年顾客使用敬语时，_____。
   A．发音要轻缓   B．说话声音要大   C．吐字要清楚   D．说话声音要小
31．美发师在接待刚到的顾客之前，对正在接受服务的顾客应先道声_____。
   A．欢迎您   B．请进来   C．对不起   D．您进来
32．美发师在接待每一个顾客时都应使用_____。
   A．手语   B．俗语   C．行话   D．敬语
33．烫发用品仅指冷烫剂或冷烫液。冷烫剂共分为三大类，有碱性、微碱性和_____。
   A．醇酸性   B．酸性   C．氢氨性   D．钠酸性
34．冷烫液由两种制剂构成，第一剂为冷烫精，第二剂为_____。
   A．中和剂   B．固发剂   C．调解剂   D．混合剂
35．碱性冷烫精的主要成分是硫化乙醇酸，其pH值在_____以上。
   A．7   B．8   C．9   D．6
36．剃须（修面）后，皮肤毛孔扩张，为了使毛孔收缩，需涂清凉油脂_____。
   A．养护皮肤   B．保湿皮肤   C．滋润皮肤   D．修复皮肤
37．修面后毛孔扩张，为了帮助毛孔收缩，可在面部喷上_____。
   A．薄荷水   B．营养水   C．保湿水   D．收缩水
38．为了保护顾客皮肤，使顾客感到舒适，在剃须（修面）后应涂_____。
   A．润肤油   B．清凉油   C．精华油   D．保养油
39．剃须（修面）后，为了滋润皮肤，可在唇部涂胡子油，在面部涂擦冷霜和_____。
   A．奶乳液   B．保湿露   C．润肤膏   D．杏仁霜
40．洗发用品的种类很多，通常分为适合各种发质及去头皮屑的洗发液、天然植物洗发液和_____。
   A．婴幼儿洗发液   B．老年人洗发液   C．中年人洗发液   D．儿童洗发液
41．洗发用品的作用是清洗和去除头发表面的_____。
   A．皮脂   B．污垢   C．头皮   D．油垢
42．洗发香波的主要成分是洗涤剂、助洗剂和_____。
   A．清洗剂   B．去污剂   C．添加剂   D．营养剂
43．洗发香波泡沫丰富，去污力强，无刺激，并且_____。
   A．易于洗掉   B．易于烘干   C．易于去污   D．易于冲洗

44．美发师对有预约的顾客应按约定提供_____。
    A．服务   B．咨询   C．项目   D．收费方式
45．美发师在服务中应做到_____。
    A．着装整齐   B．发式得体   C．纽扣要全   D．美观大方
46．_____影响美发师的仪表。
    A．衣冠不整   B．着装不洁   C．发式怪异   D．纽扣不全
47．美发师的一言一行、一举一动都反映了美发师接待服务的_____。
    A．水平   B．标准   C．准则   D．水准
48．美发师的仪表是美发接待服务工作中的一个重要_____。
    A．内容   B．任务   C．责任   D．方面
49．电推子、剪刀需用_____的酒精溶液擦拭消毒。
    A．80%   B．90%   C．70%   D．75%
50．棉织品需用_____的洗消净溶液浸泡15分钟消毒。
    A．0.25%～0.5%   B．0.03%～0.4%
    C．0.035%～0.5%   D．0.5%～0.6%
51．美发师在日常工作中应养成良好的_____。
    A．卫生习惯   B．说话习惯   C．团结习惯   D．微笑习惯
52．美发师在服务中为保持自身的良好形象要_____。
    A．勤洗澡   B．勤剪发   C．勤吹风   D．勤换衣
53．美发师为了保护身体健康，_____。
    A．操作中要讲卫生   B．洗头时要戴口罩
    C．饭前便后要洗手   D．工作服要整洁
54．美发师为患有传染性皮肤病者理完发后，工具要_____。
    A．分开使用   B．彻底清洗   C．一客一换   D．随时消毒
55．护发素和洗发液配合使用，可使发质更加_____。
    A．健康   B．柔顺   C．光泽   D．亮丽
56．护发素如果和营养焗油膏配合使用，可使发质更加健康，头发柔软，有光泽，不产生_____。
    A．枯黄   B．静电   C．分叉   D．断裂
57．焗油膏的种类有直发焗油膏、受损发质焗油膏、发膜及_____。
    A．润发膏   B．营养霜   C．精华素   D．保湿露
58．为了使头发充分吸收营养和水分，修补受损发质，使秀发富有光泽和弹性，应使用_____。
    A．直发焗油膏   B．曲发焗油膏   C．染发焗油膏   D．受损发质焗油膏
59．素描是一种具有独立审美价值的绘画形式。它是造型艺术的一种，也是学习绘画的_____。
    A．入门课   B．基本功   C．基础课   D．专业课
60．素描是用单一颜色来描绘对象的一种绘画形式，所以又称_____。
    A．素色素描   B．多色素描   C．单色素描   D．绘画素描

技能操作模拟试卷一

题目　烫发操作（短发）

1．内容及操作要求

熟练掌握卷杠和涂抹烫发液的技巧，不要将烫发液滴在顾客的皮肤及衣物上。可根据头发的长短、发量和发质的要求，适当调整烫发定型时间。要求做到：卷杠准确；发卷排列整齐；发花不焦不毛；不损伤发质；根部有弹性，有波纹；发尾成卷；发干、发丝有光泽，且富有弹性。

2．准备工作

准备好剪发工具一套，毛巾数条，卷杠60根，化学烫衬纸1包，以及塑料帽、烫发液、中和剂、尖尾梳等剪烫发必备工具和用品。

3．考核时限

（1）基本时间　准备时间3分钟，正式操作时间90分钟。

（2）时间允差　每超过2分钟扣1分，不足2分钟按2分钟计算。超过10分钟不计成绩。

4．评分项目及标准（见表Ⅱ—7）

表Ⅱ—7

序号	评分要点	配分	评分标准
1	烫发操作规程：①选择烫发液；②选择卷杠；③洗发；④剪发；⑤分区；⑥卷杠；⑦涂抹烫发液；⑧试杠；⑨冲洗；⑩涂中和剂；⑪拆杠；⑫冲洗	10	烫发操作程序缺一项扣1分，顺序颠倒一次扣1分
2	烫发前必须把头发洗干净。抓擦时力度不要太大，头发冲净后不能涂护发素	5	洗发不净扣2分，抓伤头皮扣2分，误用护发素扣2分
3	根据发型设计要求，先将头发修剪成型，然后再进行烫发	10	烫发前未剪发扣5分，修剪质量差扣5分
4	卷杠时发片的长度不超过卷杠的长度，厚度不超过卷杠的直径，卷杠排列整齐，表面有光泽	25	卷杠时发片的长度超过卷杠的长度扣5分，厚度超过卷杠的直径扣5分，卷杠排列不整齐扣5分，卷杠后表面无光泽扣5分
5	烫发液涂抹到位（两遍），要浸透发卷，不能漏涂或多涂少涂，不能将烫发液滴到顾客的皮肤和衣物上	20	烫发液涂抹不均匀且未浸透发卷扣10分，烫发液滴到顾客的皮肤和衣物上扣15分
6	根据头发长短、发量、发质和发式的要求，定时检查头发卷曲程度，适当调整定型时间	10	烫发时间掌握不当扣5分
7	烫发后发花不焦不毛；不损伤发质；根部有弹性，有波纹；发尾成卷；发干、发丝有光泽，且富有弹性	20	发花发焦、发毛，操作损伤发质扣10分，根部缺乏弹性、波纹不足、发尾不成卷扣10分，发干、发丝缺乏光泽和弹性扣5分

技能操作模拟试卷二

题目　女式剪发

1. 内容及操作要求

要求操作手法熟练，修剪（粗剪、精剪、削剪均可）到位。效果要求：轮廓圆润，周围衔接；层次调和，长短有序；厚薄均匀，两边相等。

2. 准备工作

准备好剪刀、梳子、削刀等必备剪发工具。

3. 考核时限

(1) 基本时间　准备时间2分钟，正式操作时间25分钟。

(2) 时间允差　每超过1分钟扣1分，不足1分钟按1分钟计算。超过5分钟不计成绩。

4. 评分项目及标准（见表Ⅱ—8）

表Ⅱ—8

序号	评分要点	配分	评分标准
1	操作手法熟练，修剪到位	15	操作手法不熟练扣5分，修剪不到位扣5分
2	轮廓圆润，周围衔接	25	发式轮廓与头部弧形轮廓不相称扣10分，发式轮廓两侧与后部衔接不自然扣10分
3	层次调和，长短有序	25	层次不均匀扣5分，上下脱节扣10分
4	厚薄均匀，两边相等	25	厚薄不均匀且有凹凸现象扣10分，两鬓和两侧头发长短高低不一致扣10分
5	自备操作所需剪刀、削刀、牙剪、梳子等工具	10	所需工具缺一项扣2分

五、参考答案

知 识 试 题

（一）判断题

1. × 2. √ 3. × 4. √ 5. √ 6. √ 7. × 8. × 9. × 10. √
11. × 12. × 13. × 14. √ 15. √ 16. × 17. × 18. √ 19. × 20. ×
21. × 22. √ 23. × 24. × 25. √ 26. √ 27. √ 28. √ 29. √ 30. ×
31. √ 32. √ 33. √ 34. √ 35. √ 36. √ 37. √ 38. √ 39. √ 40. √
41. √ 42. √ 43. √ 44. √ 45. √ 46. √ 47. √ 48. × 49. √ 50. √
51. √ 52. √ 53. √ 54. × 55. × 56. √ 57. √ 58. √ 59. × 60. ×
61. √ 62. √ 63. ×

（二）单项选择题

1. D 2. B 3. C 4. A 5. C 6. B 7. B 8. A 9. A 10. D
11. A 12. B 13. C 14. A 15. B 16. C 17. A 18. A 19. B 20. A
21. B 22. D 23. A 24. B 25. B 26. D 27. D 28. D 29. D 30. D
31. B 32. B 33. C 34. B 35. B 36. B 37. C 38. C 39. D 40. C
41. B 42. C 43. C 44. D 45. C 46. C 47. D 48. C 49. B 50. C
51. B 52. D 53. B 54. D 55. D 56. D 57. C 58. C 59. B 60. D
61. A 62. D 63. B 64. C 65. C 66. B 67. C 68. D 69. C 70. D
71. C 72. C 73. D 74. C 75. D 76. A 77. B 78. A 79. C 80. C
81. B 82. D 83. A 84. C 85. D 86. C 87. C 88. D 89. C 90. D
91. C 92. A 93. B 94. C 95. A 96. D 97. C 98. C 99. C 100. B
101. C 102. B 103. C 104. C 105. A 106. B 107. C 108. D 109. C 110. B
111. A 112. C 113. D 114. D 115. A 116. A 117. B 118. D 119. A 120. A
121. D 122. A

知识考核模拟试卷一

（一）判断题

1. √ 2. × 3. × 4. × 5. √ 6. × 7. √ 8. √ 9. × 10. ×
11. × 12. √ 13. √ 14. √ 15. √ 16. × 17. × 18. √ 19. √ 20. ×
21. √ 22. × 23. √ 24. × 25. √ 26. √ 27. × 28. √ 29. × 30. √

31.× 32.√ 33.× 34.√ 35.× 36.√ 37.× 38.× 39.√ 40.√

(二) 单项选择题

1.A	2.D	3.D	4.B	5.A	6.B	7.C	8.D	9.C	10.B
11.B	12.A	13.D	14.B	15.A	16.C	17.C	18.A	19.C	20.A
21.B	22.C	23.D	24.A	25.B	26.C	27.D	28.B	29.A	30.C
31.D	32.C	33.A	34.B	35.D	36.B	37.C	38.D	39.A	40.D
41.B	42.C	43.D	44.A	45.C	46.A	47.B	48.D	49.D	50.B
51.C	52.B	53.A	54.B	55.A	56.D	57.D	58.A	59.B	60.C

知识考核模拟试卷二

(一) 判断题

1.√	2.√	3.×	4.√	5.×	6.√	7.×	8.×	9.√	10.√
11.×	12.√	13.×	14.√	15.√	16.×	17.√	18.√	19.×	20.×
21.×	22.√	23.×	24.×	25.√	26.√	27.×	28.√	29.×	30.√
31.×	32.×	33.√	34.×	35.√	36.√	37.×	38.√	39.×	40.√

(二) 单项选择题

1.B	2.C	3.A	4.C	5.B	6.D	7.D	8.C	9.B	10.A
11.A	12.A	13.C	14.D	15.B	16.A	17.C	18.D	19.B	20.D
21.C	22.B	23.D	24.A	25.B	26.A	27.A	28.A	29.A	30.A
31.C	32.D	33.B	34.A	35.C	36.C	37.A	38.B	39.D	40.A
41.B	42.C	43.D	44.A	45.A	46.B	47.C	48.D	49.D	50.A
51.A	52.B	53.C	54.D	55.A	56.B	57.C	58.D	59.B	60.A

第三部分 中级美发师

一、学习要点

表Ⅲ—1

工作内容	学习要点	重要程度
美发服务中的语言艺术	1. 语言在美发服务中的地位和作用	熟知
	2. 文明用语的要求	熟知
公共关系基本知识	1. 公共关系的含义	熟知
	2. 公共关系构成的三要素	熟知
常用美发用品质量鉴别	1. 美发用品包装识别	掌握
	2. 各种美发用品的有效期	了解
头发的鉴别与护理	1. 头发健康与受损的鉴别方法	掌握
	2. 针对不同发质正确选用洗发液	掌握
	3. 不同发质的护理方法	熟知
	4. 护发、养发的措施	掌握
洗发止痒方法	1. 抓擦与按摩止痒方法	掌握
	2. 水温与药物止痒方法	熟知
头部、颈部、肩部的按摩	1. 头部按摩选取的穴位	掌握
	2. 头部按摩的程序和方法	掌握
	3. 颈部按摩的常用穴位	熟知
	4. 颈部按摩的操作方法	掌握
	5. 肩部按摩的常用穴位	熟知
	6. 肩部按摩的操作方法	掌握
	7. 按摩的注意事项	熟知
剪发设计基本知识	1. 剪发的定义	熟知
	2. 剪发设计的要素	熟知
	3. 剪发的技巧	掌握
各种剪发工具的操作技法	1. 剪刀的操作技巧	掌握
	2. 电推（轧）刀的操作技法	掌握
根据不同脸形和发质设计、修剪发型	1. 根据不同脸形设计、修剪发型	掌握
	2. 根据不同发质设计、修剪发型	掌握

续表

工作内容	学习要点	重要程度
男、女发型的修剪	1. 寸头发型的种类和推（轧）剪	熟知
	2. 发型层次的定义	熟知
	3. 发型修剪的程序	掌握
	4. 剪发工具的维修与保养	了解
烫发	1. 根据不同发质选择烫发液	熟知
	2. 卷杠的种类和特点	熟知
	3. 烫发时间	掌握
	4. 头发烫后护理	掌握
吹梳造型	1. 造型要素、运动变化与发式造型的关系	熟知
	2. 发式与各种脸形的配合	掌握
	3. 发式与服式的搭配	熟知
	4. 固发用品的使用方法	熟知
	5. 传统发型和现代流行发型的操作方法	掌握
	6. 影响发型美的因素	了解
盘（束）发	1. 盘（束）发的种类	了解
	2. 盘（束）发的操作方法	掌握
剃须、修面	1. "七十二刀半"的操作方法	掌握
	2. 修剃时的运刀角度	掌握
	3. 与剃刀配合张、拉、捏的方法	掌握
	4. 络腮胡须的剃修方法	掌握
	5. 剃须、修面的注意事项	熟知
	6. 剃刀的保养方法	熟知
	7. 剃刀的研磨技术	掌握
漂、染发与焗油	1. 色度和色调分析	了解
	2. 色板上染膏的符号意义	熟知
	3. 染发的色彩选择	熟知
	4. 漂粉、染膏和双氧钠的调配方法	掌握
	5. 彩色染发的涂抹方法	掌握
	6. 染发后的护理	掌握
	7. 头发的性质与焗油的关系	熟知
	8. 焗油机的结构、工作原理及保养方法	熟知

二、知识试题

（一）**判断题** 下列判断正确的请打"√"，错误的打"×"。
1. 吹风梳理的目的之一就是调整发丝的弹力、流向与弧度。（　）
2. 设计发式造型需要美发师有较高的技术水平和一定的艺术修养。（　）
3. 发型艺术形象是由造型要素和发型构图因素组合而成的。（　）
4. 适合方脸形的发型制作，顶部要略松，两侧略有弧度，紧贴腮部，使其呈椭圆状。
（　）
5. 发型必须与服装搭配，才能获得整体的和谐美。（　）
6. 在发式造型中饰品只起点缀作用。（　）
7. 佩戴饰品不超过发型面积的25%，才能达到和谐美。（　）
8. 同色选配是发饰与服饰选配的基本原则。（　）
9. 啫喱有保湿、增光、七彩、防晒等多种功能。（　）
10. 摩丝是普遍使用的定型剂，被称为第三代美发用品。（　）
11. 发乳能增加头发的光泽，并有护发和定型作用。（　）
12. 发胶有强力型、特强型和超强型三种。（　）
13. 发胶能增加头发的硬度、光泽、亮度，使用后头发容易梳理，不变形。（　）
14. 传统发型就是曾经盛行一时的发型。（　）
15. 现代流行发型就是指色彩亮丽、新潮的发式。（　）
16. 传统发型讲究固有的模式和静态美。（　）
17. 传统发型的制作形成了一定的模式，难以更改，对美发师的基本功要求不高。
（　）
18. 传统发型具有庄重、稳健、严谨和崇尚自然的风格。（　）
19. 现代流行发型具有爽朗、健美、随和和典雅的风格。（　）
20. 吹制波浪发型时，吹风口要随头发位置的变化而变化，方向要随时改变。（　）
21. 蘑菇式发型的吹风梳理操作近似于卷发类的操作。（　）
22. 发质对发型设计和制作有直接的关系。（　）
23. 包卷型盘发就是将头发发尾部交叉卷起向顶部旋转，然后加以固定，形成包卷式。
（　）
24. 包卷型盘发的操作程序有9项内容。（　）
25. 堆积型盘发的操作程序是：先将头发分区，再分别卷成筒形发卷，组合图案花纹，逐层堆积成型。（　）
26. "七十二刀半"从概念上讲是指运用多种持刀方法，修剃整个面部的细毛，不得少于七十二刀半。（　）
27. "七十二刀半"修面技艺是我国美发行业的传统技艺，其精湛的操作技巧、完整的

操作程序为修面技术提供了质量保证。　　　　　　　　　　　　　　　　（　　）
28．按照"七十二刀半"的操作方法，修剃左面颊、左鼻、左耳共需26刀。（　　）
29．修面时，刀锋接触皮肤的角度应是25度左右，这样切断力强，不易刮破皮肤。
　　　　　　　　　　　　　　　　　　　　　　　　　　　　　　　　（　　）
30．修剃较粗硬的胡须时，刀锋倾斜度可稍大些，一般在35～45度。　（　　）
31．"张"是指用中指与拇指紧贴皮肤，顺着皮肤向一侧张拉开，以便使剃刀顺利修剃。
　　　　　　　　　　　　　　　　　　　　　　　　　　　　　　　　（　　）
32．绷紧皮肤方法中的"捏"是指用两手指夹住皮肤，向外用力拉，使皮肤绷紧，以便用剃刀剃掉胡须。　　　　　　　　　　　　　　　　　　　　　　　　（　　）
33．削刀一般应用"捏"的方法来配合修剃。
34．络腮胡须的修剃方法是：①用热毛巾焐透；②使用削刀；③运刀角度要倾斜，才能切断胡须。　　　　　　　　　　　　　　　　　　　　　　　　　　　　（　　）
35．磨刀的方法有三种：即顺口刀磨法、逆口刀磨法和收刀法。　　　（　　）
36．磨剃刀的技巧是：①先重后轻，轻重均匀，越磨越轻；②刀刃口两面均要磨锋利；③收刀时力度掌握到位。　　　　　　　　　　　　　　　　　　　　　（　　）
37．剃刀锋利的标准：一是没有缺口；二是修剃时声音小，无阻力。（　　）
38．所有的自然发色都是由黄色和褐色的天然色素粒子产生的。　　　（　　）
39．副色是由两种颜色混合而成的颜色。　　　　　　　　　　　　　（　　）
40．头发色度由深到浅共分为10度，第10度代表非常浅的金色。　　（　　）
41．添加色的作用是增加或减少色调中颜色的深浅程度。　　　　　　（　　）
42．修剪不同层次时，发片与头肌的角度要一致。　　　　　　　　　（　　）
43．流行发型与传统发型有根本区别，没有任何联系。　　　　　　　（　　）
44．按摩手法中的点法有两种：即指点和掌点。　　　　　　　　　　（　　）
45．素描只用于发型的绘画，对其他的绘画都不适用。　　　　　　　（　　）
46．按摩中的按法仅适用于对颈部和肩部的按摩。　　　　　　　　　（　　）
47．素描是一种具有独立审美价值的绘画形式。　　　　　　　　　　（　　）
48．吹风造型时，吹风机只能满口送风，不能半口送风。　　　　　　（　　）
49．染何种色彩的头发，应根据皮肤颜色、不同年龄和职业来选择。（　　）
50．彩染后应用酸性洗发液清洗，因为酸性洗发液具有平衡pH值和养发、护发功能，可减轻毛发受损。　　　　　　　　　　　　　　　　　　　　　　　　　（　　）
51．严重受损的毛发应每天焗油一次。　　　　　　　　　　　　　　（　　）
52．健康头发的日常护理应每月焗油一次。　　　　　　　　　　　　（　　）
53．永久性染发剂的种类有染发膏、一焗黑、彩焗膏和漂染膏等。　（　　）
54．染发剂按染发牢固程度来分有暂时性、半永久性和永久性三大类。（　　）
55．吹风造型是技巧与技术相结合最为紧密的一道工序。　　　　　　（　　）
56．剪刀操作方法的变化，能使发型层次发生微观变化。　　　　　　（　　）
57．长方形脸狭长、瘦削，剪发操作时，顶部留发要稍长。　　　　　（　　）
58．在修剪细软的头发时，发尾的切面要小，顶部留发要稍长，否则会显得头发太少。
　　　　　　　　　　　　　　　　　　　　　　　　　　　　　　　　（　　）

59．圆脸形的人在修剪操作时，顶部留发可略短些，以增加顶部头发的支撑力。（   ）
60．在制定基本定额时，必须有对超额者的奖励内容。（   ）
61．使用染发剂时应注意：①调制时，不要溅到物品及皮肤上；②调好后应立即使用，以免氧化；③染后吹风温度不宜过高，以免影响发色。（   ）
62．染发的操作要求是：①刷染时要均匀且不漏刷；②不要染到头发以外的皮肤上；③保证质量与安全。（   ）
63．使用焗油机时应注意：①检查保护地线；②水瓶内装满水后再开定时器；③用后关闭电源。（   ）
64．制作发型时，采用倒梳法的主要目的是增加发容量。（   ）
65．造型中的填充法只适用于盘发。（   ）
66．对于菱形脸，留发不宜太短，两侧的头发要略有层次，并保持一定的发容量。（   ）
67．修剪时制作不同层次的头发，发片左右摆动的角度要一致。（   ）
68．一切规章制度都必须遵循客观公正、切合实际和行之有效的原则。（   ）
69．按摩头部时，手指肚应紧贴头皮，用力适当，均匀柔和，力量要达到皮肤深层。（   ）
70．深褐色的头发含有很多深褐色粒子和少量黄红色粒子。（   ）
71．烫发时要选择质地软的发杠，以防头发受损。（   ）
72．受损头发因为没有弹性，烫发时应选择较细的卷杠。（   ）
73．浪板烫发适合短发型，波纹效果好。（   ）
74．适合细软头发的发式要求有一定的弹性和卷曲度。（   ）
75．压刷法采用刷齿向下由头发卷面轻轻往下压，用以压低过高的局部轮廓。（   ）
76．拧集剪法属于断剪法中的一种。（   ）
77．剃刀滑动的幅度可确定削去头发的多少和层次的高低。（   ）
78．解决头发分叉的惟一办法就是将分叉的部分剪掉。（   ）
79．对头发的日常养护是头发健康的重要基础。（   ）
80．修剪传统发型的操作方法较为复杂、规范，修剪后的发型动感较强。（   ）
81．用剪刀剪发，发型切口断面是垂直的，属刚性。（   ）
82．用剃刀削发，切口斜面较大，属柔性；切口斜面较小，属中性。（   ）
83．发型美不是一成不变的，而是随着不同因素的变化而变化。（   ）

（二）**单项选择题**　下列每题有4个选项，其中只有1个选项是正确的，请将其代号填在横线空白处。

1．男发的式样很多，若以留发长短为标准，可分为_____。
　　A．两大类　　B．三大类　　C．四大类　　D．五大类

2．_____在发饰搭配上比较随意，只求在形、色、质方面和谐，不追求华贵、艳丽，不拘一格，别有韵味。
　　A．时尚盘发　　B．休闲盘发　　C．生活盘发　　D．晚宴盘发

3．包卷型盘发操作程序中的第5项内容是_____。
　　A．将后颈部头发用发卡固定　　B．将发筒卷固定在顶部

C. 后部头发用发胶固定　　　D. 将发尾甩在顶部外侧

4. 烫发时应根据_____准备好相应的烫发剂。
   A. 软发　　B. 硬发　　C. 绵发　　D. 发质

5. 推剪露三茬的发式，应以_____为主进行操作。
   A. 轧刀　　B. 剪刀　　C. 剃刀　　D. 美容剪

6. 色调是发式的一个_____组成部分。
   A. 连接　　B. 相关　　C. 重要　　D. 一般

7. 修剪导线常以_____最底的一层为基线。
   A. 顶部　　B. 枕骨部　　C. 颈部　　D. 颞骨部

8. 卷发杠时，应将发丝_____环绕在发杠上。
   A. 倾斜　　B. 垂直　　C. 平行　　D. 整齐

9. 卷发杠时，应先将头发梳理通顺，用力要_____。
   A. 大　　B. 小　　C. 均匀　　D. 平稳

10. 卷发杠时，发片提起的角度与头皮成_____为好。
    A. 45度　　B. 90度　　C. 120度　　D. 180度

11. 烫发卷杠时，整个头部的卷杠数一般在_____。
    A. 35~40根　　B. 50~60根　　C. 45~50根　　D. 60~70根

12. 冷烫中，卷杠上药水后，停留时间一般为_____。
    A. 15分钟　　B. 25分钟　　C. 30分钟　　D. 35分钟

13. 包卷型盘发操作的技巧体现在：①倒梳法的运用；②以梳干为轴心做180度包卷；③_____。
    A. 发尾造型艺术　　　　B. 整体造型饱满
    C. 发卡固定在暗处　　　D. 后颈部平紧牢固

14. 堆积盘发发区分为中顶部发区、左侧发区、右侧发区和_____。
    A. 后发区、前发区　　　　B. 前发区、后颈部发区
    C. 左后发区、右后发区　　D. 后部左、中、右发区

15. 最能体现堆积盘发技巧的是_____和发卷的艺术性巧妙组合。
    A. 发卷的位置　　　　　B. 内卷与外卷的位置
    C. 攒发卷的多少、大小　D. 攒发卷的光洁度

16. _____不属于堆积盘发的前发造型。
    A. 高刘海儿　　B. 自然碎型　　C. 中分式　　D. 双花型

17. "七十二刀半"操作结束时，收刀的部位在_____。
    A. 鼻梁　　B. 人中　　C. 下唇　　D. 鼻尖

18. 洗发的操作程序是：先_____，后冲洗。
    A. 涂洗发液　　B. 擦搔头皮　　C. 刷发　　D. 躺洗

19. 有声吹风机由于功率大，风力强，适合吹一般_____发型。
    A. 卷发类　　B. 直发类　　C. 束发类　　D. 短发类

20. 修剃前额与眉毛上眼睑的刀法数量是_____。
    A. 20刀　　B. 22刀　　C. 24刀　　D. 26刀

21. 修剃左耳轮、耳垂需用_____。
    A．6刀   B．7刀   C．8刀   D．9刀
22. "绷紧"就是用左手手指把皮肤紧绷，其作用是_____。
    A．固定住面部皮肤   B．配合剃刀操作
    C．把面部皱纹拉平   D．剃刀修剃时平滑
23. "拉"是指用2~4个手指_____，以便用剃刀修剃。
    A．向内拉紧皮肤   B．向外拉紧皮肤
    C．撑开修剃部位   D．把修剃处剃平
24. 染发剂按染发的牢固程度及效果来区分，可分为_____。
    A．四大类   B．三大类   C．两大类   D．五大类
25. 做大花的操作程序是：梳通发丝，选择发卷，_____，烘干，梳理造型。
    A．立卷   B．平卷   C．盘卷   D．塑料筒卷
26. 剃胡须的具体顺序是：涂剃须膏，用面巾热敷，顺剃胡须，逆剃胡须，_____，然后刮脸。
    A．再逆剃胡须   B．再顺剃胡须   C．再涂剃须膏   D．面巾敷脸
27. 绷紧皮肤方法中的"捏"法适用于_____。
    A．下颌部位   B．皮肤松弛部位   C．下颚部位   D．唇四周
28. 削刀一般应用_____配合修剃。
    A．"捏"的方法   B．"张"的方法
    C．"拉"的方法   D．"张和拉"的方法
29. 修面时运刀角度为25度左右，它的目的是_____。
    A．不易刮破皮肤   B．保护皮肤   C．能修剃干净   D．易于操作
30. 络腮胡须的修剃程序中，第四项是_____。
    A．用热毛巾焐胡须   B．检查刀锋后再趟刀（背刀）
    C．涂皂沫   D．顺剃胡须一次
31. 按操作方法和发式形态结构来分，发型可分为堆积型、盘绕型、包卷型和_____四大类。
    A．编绞型   B．扎结型   C．填充型   D．马尾型
32. 女式理发服务中，修剪对直发类发型起_____作用。
    A．修饰   B．定型   C．基础   D．调节
33. 络腮胡须的修剃注意事项有_____。
    A．8项   B．9项   C．10项   D．11项
34. _____不属于剃刀保养的范围。
    A．直式剃刀   B．一次性剃刀   C．换刃式剃刀   D．电动剃刀
35. 检验剃刀锋利程度如何可用毛发试切，_____说明很锋利。
    A．有光泽   B．不需用力即断   C．吸住头发   D．向下用力才断
36. 在美发行业中，将头部分为8大部位，即对称的鬓角、下额角、上额角、顶角、枕部、_____、前额和颥部。
    A．边缘线   B．棱角   C．虚角   D．顶部

37．吹风梳理的目的是调整发丝的弹力以及_____。
   A．光泽与弧度　　B．流向与弧度　　C．柔顺与弧度　　D．统一与弧度

38．发型的艺术形象是由_____加运动变化有机组合而成的。
   A．轮廓形状　　B．色彩要素　　C．造型要素　　D．设计要素

39．发式造型的目的就是对脸形进行_____和美化。
   A．掩饰　　B．矫正　　C．弥补　　D．掩盖

40．适合方脸形的发型应该是顶部略松，两侧头发略有_____，紧贴腮部。
   A．容量　　B．弧形　　C．收紧　　D．宽度

41．基线一旦与中部衔接，即形成色调，这条线也就自然消失，所以这条线称为_____。
   A．轮廓线　　B．导线　　C．临时线　　D．自由线

42．轧刀和剪刀多和抄梳配合，推剪发式的_____。
   A．中部　　B．底部　　C．造型　　D．轮廓

43．油性头发的性能_____，烫发很难掌握。
   A．比较稳定　　B．不稳定　　C．稳定　　D．不易把握

44．在发式造型中，_____具有突出和强调发型的风采及烘托整体风韵的效果。
   A．服装　　B．色彩　　C．饰品　　D．质料

45．女式盘（束）发类主要有发髻、发结、_____和盘发。
   A．扎结　　B．扎束　　C．发辫　　D．辫髻组合

46．发型设计的重要依据是头形与_____。
   A．头发　　B．职业　　C．体形　　D．脸形

47．发丝流畅自然、悬垂感强是_____的特点。
   A．卷发类　　B．直发类　　C．束发类　　D．辫发类

48．烫发的操作程序是：洗发，_____，烫发操作，吹风梳理。
   A．选择发杠　　B．划分区　　C．修剪发式　　D．选择烫发剂

49．美发师的正确站立姿势是_____。
   A．立正姿势　　B．稍息姿势　　C．丁字步　　D．工箭步

50．美发师上班前应做好_____的全部准备工作。
   A．接待顾客　　B．全天服务　　C．工具消毒　　D．个人卫生

51．摩丝有油性摩丝、定型摩丝、彩色摩丝和_____。
   A．膏状摩丝　　B．增光摩丝　　C．保湿摩丝　　D．液体喷雾摩丝

52．_____能增加头发的硬度、光泽和亮度，使用后容易梳理，不变形。
   A．发乳　　B．摩丝　　C．啫喱　　D．发胶

53．传统发型是曾经一度广为流行的发式造型，它属于_____型。
   A．经典　　B．标准　　C．规范　　D．固定

54．现代流行发型讲究_____的动态美。
   A．色彩艳丽　　B．回归自然　　C．细腻修剪　　D．造型精美

55．男发操作准备阶段要从_____做好准备工作。
   A．2个方面　　B．3个方面　　C．4个方面　　D．5个方面

56．女式发型修剪层次应以_____为依据。
    A．脸形   B．头形   C．边线形状   D．导线
57．传统发型具有庄重、_____、严谨和含蓄的艺术风格。
    A．沉着   B．稳健   C．健美   D．典雅
58．盘卷最方便的是利用_____进行操作。
    A．手指盘卷   B．空心盘卷   C．塑料空心卷   D．手指平卷
59．做花的操作要求是：卷杠选择准确，排列整齐，不露发丝和_____。
    A．发丝光亮   B．卷曲正确   C．烘干吹风造型   D．发丝有弹性
60．在修剪剃须中，有_____刀法可以运用。
    A．3种   B．4种   C．5种   D．6种
61．现代流行发型具有_____、健美和典雅的艺术风格。
    A．爽朗、随意   B．爽朗、随和   C．爽朗、新潮   D．灵活、随意
62．牙剪的作用是：减少发量，制造参差层次和_____。
    A．调整发量   B．调整轮廓   C．调整色调   D．局部调整
63．吹波浪式发型时，吹风口要随_____的变化而变化，不能逆向吹，这样才能使头发丝纹不乱。
    A．梳子移动方向   B．刷子移动方向   C．发型   D．头发方向
64．美发服务的规范是指美发服务的_____。
    A．质量标准   B．操作程序   C．标准   D．规则
65．使用护发素后的头发柔软、有光泽，不产生_____。
    A．油腻   B．油污   C．静电   D．爽滑感
66．修剪对卷发类发型起着_____作用。
    A．修饰   B．定型   C．调节   D．基础
67．修剪对束发类发型起着_____作用。
    A．基础   B．定型   C．决定   D．修饰、调节
68．女式发型修剪是一项技术性很强的工作，有很多操作技巧，大致可分为粗剪、_____和精剪等。
    A．夹剪   B．滑剪   C．飘剪   D．削剪
69．轧刀是推剪发式的主要工具，使用方法有_____。
    A．2种   B．3种   C．4种   D．5种
70．剃刀在修磨时，应注意多磨阳口，少磨阴口，其比例为_____。
    A．8∶5   B．6∶1   C．7∶3   D．7∶1
71．蘑菇式发型与_____发型的吹风操作方法相似。
    A．卷发类   B．直发类   C．纹理式   D．卷式
72．灯光和环境会导致发色的变化，同样的发色在_____会产生不同的效果。
    A．不同的温度下   B．不同的环境中   C．不同的光源下   D．不同的时间
73．发色是着色的依据。染发时，必须以顾客的肤色和原发色为_____进行着色。
    A．标准   B．原则   C．依据   D．基色
74．粗硬头发的发质硬度较高，含水量少，油脂分泌_____，烫发时应采用抗拒性烫

发液。

　　A．最少　　B．量小　　C．一般　　D．量大

75．人的脸形各有差异，在美发行业中，将脸形概括为＿＿＿＿。

　　A．5种　　B．6种　　C．7种　　D．8种

76．头部按摩涉及到4条经脉，在按摩程序上分＿＿＿＿线路进行。

　　A．3条　　B．4条　　C．5条　　D．6条

77．尖尾梳的作用是梳顺发丝和＿＿＿＿，方便卷杠操作。

　　A．理顺发丝　　B．倒梳发丝　　C．增加发量　　D．分出发片

78．吹风的质量标准是：发丝通顺，流向明确，＿＿＿＿，适合脸形。

　　A．轮廓饱满　　B．轮廓齐圆　　C．四周平伏　　D．波纹自然

79．短发类的特点是比较轻便且＿＿＿＿，易干，显得洁净。

　　A．精神　　B．舒服　　C．凉爽　　D．有轮廓

80．染发围布主要是防止＿＿＿＿滴落到顾客身上。

　　A．凡士林　　B．水　　C．发油　　D．药剂

81．＿＿＿＿上额较窄、下颌较宽，给人以持重、稳健的感觉。

　　A．三角形脸　　B．倒三角形脸　　C．"甲"字形脸　　D．"中"字形脸

82．卷发杠时，橡皮筋应放在卷杠的侧位，避免＿＿＿＿。

　　A．有痕迹　　B．勒发根　　C．弯曲　　D．卷杠歪斜

83．万能杠用胶皮制成，它＿＿＿＿，用它烫后的头发有光泽和弹性。

　　A．有弹力　　B．轻便灵活　　C．柔软轻便　　D．硬度较大

84．＿＿＿＿是发型设计的重要依据。

　　A．服装、服饰　　B．体形、年龄　　C．脸形、头形　　D．职业

85．剃刀消毒可采用＿＿＿＿的酒精擦拭或浸蘸。

　　A．35%　　B．55%　　C．75%　　D．65%

86．任何一种卷发都意味着毛发的＿＿＿＿。

　　A．收缩　　B．自由膨胀　　C．变形　　D．变质

87．发际线是指开始生长头发的＿＿＿＿。

　　A．基线　　B．边沿线　　C．发脚线　　D．边缘线

88．修面、剃须是美发服务项目中＿＿＿＿最强的项目之一。

　　A．技术性　　B．技巧性　　C．艺术性　　D．连续性

89．做花的操作程序是：盘卷，烘干，＿＿＿＿。

　　A．吹风　　B．梳理造型　　C．塑造成型　　D．自然成型

90．女式发型修剪中的修剪导线也就是确定留发长短的＿＿＿＿。

　　A．边沿线　　B．规定线　　C．标准线　　D．轮廓线

91．发型配合脸形的效果如何是检测发型好坏的＿＿＿＿。

　　A．重点　　B．主要步骤　　C．关键　　D．要点

92．修剪女式发型时，多采用剪刀、剃刀和＿＿＿＿等多种工具。

　　A．轧刀　　B．梳子　　C．牙剪　　D．发轧

93．＿＿＿＿属于生活型盘发。

A．晚宴型盘发　　B．创意型盘发　　C．包卷型盘发　　D．新婚盘发

94．烫发的质量标准是：卷杠选择准确，_____，发花不焦不毛，富有弹性。
　　A．发卷排列整齐　　B．发卷参差排列
　　C．发卷错开排列　　D．发卷排列连贯

95．烫发的洗头要求是：不用抓挠，不涂抹_____，仅洗净头发即可。
　　A．烫发液　　B．中和剂　　C．护发素　　D．洗发液

96．喷彩色发胶属于_____染发，它又分为单色和混合色两种。
　　A．永久性　　B．半永久性　　C．临时性　　D．暂时性

97．现代发型设计的流行趋势是_____。
　　A．简洁自然　　B．时尚动感　　C．突出个性　　D．传统与现代交融

98．在构成公共关系的各个要素中，社会组织是主体，公众是客体，主体与客体之间的联系纽带是_____。
　　A．信息活动　　B．传播活动　　C．沟通内容　　D．交流活动

99．堆积盘发的关键技术难度在_____和发卷排列的巧妙组合。
　　A．头发的定位　　　　B．发区的划分
　　C．攒发卷的光洁度　　D．内卷和外卷的位置

100．美发师与顾客之间相互信赖，必须建立在双方都能_____的基础上。
　　A．以礼相待　　B．以诚相待　　C．相互取悦　　D．使用礼貌用语

101．美发师要真心实意地尊重顾客，真正做到_____。
　　A．语调柔和　　B．取悦顾客　　C．和平相处　　D．以礼相待

102．鉴别美发化学用品时要查看说明书上标出的_____是否过期。
　　A．闲置日期　　B．使用日期　　C．生产日期　　D．退换日期

103．梳刷头发时首先从前额中间的发际线开始，向后经过头顶，直梳到_____中线。
　　A．前颈部　　B．后颈部　　C．侧颈部　　D．左颈部

104．进口美发用品应有_____中国检疫标志。
　　A．BIQ　　B．VIQ　　C．NBV　　D．CIQ

105．梳刷头发时，应从两侧下颌角（包括鬓角）处开始，经耳上部_____。
　　A．向外倾斜梳刷　　B．向左倾斜梳刷
　　C．向内倾斜梳刷　　D．向上倾斜梳刷

106．鉴别美发用品质量，首先应该看外包装。一般外包装上均须注明_____、产品名称、生产日期及保质期等。
　　A．产品牌　　B．厂长姓名　　C．产品数量　　D．税收批号

三、技 能 试 题

第一题　头部按摩

1．内容及操作要求

要求按照经络运行的线路按摩 25 个穴位。操作时，重要的经络要压，穴位要按，肌肉要摩擦，且环环相扣，有延续性，不能间断。取穴要准确，手法要正确。要使用点、揉、搓、推、擦等手法。

2．准备工作

准备 1 条干毛巾备用。

3．考核时限

(1) 基本时间　准备时间 1 分钟，正式操作时间 15 分钟。

(2) 时间允差　每超过 1 分钟扣 2 分，不足 1 分钟按 1 分钟计算。超过 3 分钟不计成绩。

4．评分项目及标准（见表Ⅲ—2）

表Ⅲ—2

序号	评分要点	配分	评分标准
1	按照经络运行的路线按摩：①督脉经；②膀胱经；③胆经一；④胆经二	30	经络顺序错误扣 5 分，少按一条经络扣 15 分
2	按经络顺序按摩印堂、太阳、上星、囟会、百会、曲差、五处、承光、通天、阳白、头临泣、目窗、正营、承灵、曲鬓、角孙、率谷、完骨、风池、风府、哑门、大椎、玉枕、眉冲等 25 个穴位	30	每少按一个穴位扣 5 分
3	经络要压，穴位要按，肌肉要摩擦，并保持延续性，不能间断	20	压、按、摩手法使用错误一次扣 5 分，缺乏延续性或按摩过程间断一次扣 5 分
4	按压穴位要准确，手法要正确，要使用点、揉、搓、推、擦等手法	20	按穴位不准确一次扣 5 分，按摩手法单调扣 5 分

第二题　夹剪操作

1．内容及操作要求

要求通过分发区、发片，剪出轮廓、层次和形线。要正确掌握提起头发的角度和运用剪刀的角度。能根据头部轮廓的弧形线条进行修剪。夹起的头发要平直，使发型轮廓完美。

2．准备工作

准备围布、毛巾、剪刀、梳子各 1 件。

3．考核时限

(1) 基本时间　准备时间 1 分钟，正式操作时间 10 分钟。

(2) 时间允差　每超过 1 分钟扣 5 分，不足 1 分钟按 1 分钟计算。超过 3 分钟不计成绩。

4．评分项目及标准（见表Ⅲ—3）

表Ⅲ—3

序号	评分要点	配分	评分标准
1	正确掌握分发区、发片	30	分发区不合理扣10分,发片过宽或过厚扣5分
2	正确掌握提起头发的角度	10	提起头发的角度不合适扣5分
3	正确掌握运用剪刀的角度	10	运用剪刀的角度不当扣5分
4	根据头部轮廓的弧形线条进行修剪	10	头部轮廓的弧形线条掌握不好扣5分
5	夹起的头发要平直	10	夹起的发片歪斜或松紧不一使衔接有误扣10分
6	层次、形线清晰,发型轮廓完美	30	发式层次混乱扣5分,形线不清扣5分,发型轮廓欠完美扣10分

第三题 高层次发型修剪(女长发)

1．内容及操作要求

(1) 按照层次高低在顶部修剪导线。

(2) 根据脸形特征和发式要求,修剪刘海儿并与导线衔接。

(3) 修剪两侧头发时注意顾客的头形和脸形;弧线与导线连接时注意发量。

(4) 修剪后脑部位的头发。

(5) 整体调整、修饰、定型时,要兼顾到客人的脸形、头形、头颈的粗细长短和肩部宽窄等。

2．准备工作

准备围布、毛巾、剪刀、牙剪、梳子各1件。

3．考核时限

(1) 基本时间 准备时间1分钟,正式操作时间20分钟。

(2) 时间允差 每超过1分钟扣2分,不足1分钟按1分钟计算。超过5分钟不计成绩。

4．评分项目及标准(见表Ⅲ—4)

表Ⅲ—4

序号	评分要点	配分	评分标准
1	按照层次高低在顶部修剪导线	20	导线修剪不好扣10分
2	根据脸形特征和发式要求,修剪刘海儿并与导线衔接	20	刘海儿与脸形配合不好扣10分,刘海儿与导线衔接不好扣5分
3	修剪两侧头发时注意顾客的头形和脸形;弧线与导线连接时注意发量	20	两鬓头发不对称扣5分,两侧头发与头形不相称扣5分,弧线与导线连接不当扣5分
4	修剪后脑部位的头发	10	后脑部位的头发修剪手法错误扣5分,修剪质量差扣5分
5	整体调整、修饰、定型	10	调整、修饰检查不认真扣5分,发量厚薄不均扣5分
6	整体效果要兼顾到客人的脸形、头形、头颈的粗细长短和肩部宽窄等	20	整体效果差扣10分

第四题 烫发

1．内容及操作要求

根据不同发质选择冷烫液、卷杠和烫发纸。洗头时水温适宜，手法正确。卷杠用力均匀适当，排列整齐美观。合理掌握烫发时间和中和剂停放时间。烫发后清洗护理。

2．准备工作

准备围布 2 块、毛巾数条、冷烫用品 1 套、卷杠、烫发纸、塑料帽、电热帽、洗发液和护发素等。

3．考核时限

（1）基本时间　准备时间 2 分钟，正式操作时间 90 分钟。

（2）时间允差　每超过 1 分钟扣 2 分，不足 1 分钟按 1 分钟计算。超过 5 分钟不计成绩。

4．评分项目及标准（见表Ⅲ—5）

表Ⅲ—5

序号	评分要点	配分	评分标准
1	根据不同发质条件选择冷烫液、卷杠和烫发纸	20	冷烫液选择不适对发质造成伤害扣 10 分；卷杠选择有误，影响发型效果扣 10 分；选用烫发纸不合格扣 5 分
2	洗头时水温适宜，不需用力抓挠，手法轻柔得当	10	洗头时水温不适扣 5 分，洗发手法不当扣 5 分
3	卷杠用力均匀，排列整齐美观	20	卷杠用力不均，过紧或过松扣 10 分；排列不美观扣 10 分
4	合理掌握烫发时间和中和剂停放时间	20	烫发时间过长或过短，影响烫发效果扣 10 分；中和剂停放时间不当扣 5 分
5	烫发后清洗护理	10	烫发后清洗不净扣 5 分，洗头手法过重扣 5 分
6	烫发后发干弯曲、均匀、有弹性、有光泽，发尾不开叉	20	烫发效果欠佳扣 15 分

四、模拟试卷

知识考核模拟试卷一

（一）**判断题** 下列判断正确的请打"√"，错误的打"×"。每题1分，共40分。

1. 美发师通过对色彩的理解和掌握，无论是发型的细小部位还是发型的风韵，都可以通过色彩表现出来。（　）
2. 在美发技术中，素描是设计，发型是成果；素描是前因，发型是结果。（　）
3. 美发服务业的公共关系是指随时推出新的服务项目，并调整自己的工作人员。
（　）
4. 美发企业的公共关系活动主要是以顾客为核心而展开的一系列信息传播活动。
（　）
5. 公共关系是由三个要素构成的，即社会组织、公众和传播。（　）
6. 社会组织的工作目标是进一步完善组织机构。（　）
7. 信息传播是连接公共关系主体和客体的纽带。（　）
8. 作为一名中级美发师，只要能为顾客提供热情的服务，使企业的经济收入增加，就基本符合职责要求。（　）
9. 美发师必须了解和掌握一些美发服务公共关系的基本知识，加强与消费者的沟通。
（　）
10. 在公共关系中，主体与客体加强联系，进行双向信息交流，有利于主体树立良好形象。（　）
11. 美发师在与顾客交谈时要谦逊有礼貌，使对方感到真诚。（　）
12. 皮肤是人体最大的感觉器官，成年人的皮肤总面积达1.2～2平方米，质量是人体质量的15%左右。（　）
13. 皮脂腺有润滑和保护皮肤及毛发的功能，也有散热和调节体温的功能。（　）
14. 通过汗腺的分泌，除了可散热和调节体温外，还有排泄废物的作用。（　）
15. 棉织品、胡刷、木梳子也可以采用紫外线消毒法进行消毒，照射30分钟即可达到消毒目的。（　）
16. 对剃刀进行消毒，可采用在85%的酒精溶液中浸泡15分钟，即可达到消毒要求。
（　）
17. 美发师讲究个人卫生、养成良好的卫生习惯是非常重要的，为此在工作中必须做到"五勤"和"四坚持"。（　）
18. 美发师在美发操作过程中，不要与顾客直接接触，防止相互传染疾病。（　）
19. 美发师与顾客交流时不应涉及与工作无关的内容，以保证专心为顾客服务。（　）

20．美发操作过程中，美发师要及时听取顾客的批评和建议，对不正确的意见不能反驳，但可以不理睬、不解释。（　　）
21．美发师在请顾客入坐时要了解顾客需求，提出建议，达成共识后再做操作前的准备。（　　）
22．美发师要认真学习美发知识和专业技能，不断提高理论知识水平和实际操作能力。（　　）
23．美发师要树立全心全意为顾客服务的意识，以服务为目的，主动征求顾客意见，满足顾客的要求。（　　）
24．人体某部位接受按摩后，微循环系统畅通，毛细血管扩张，血流加速，从而改善全身的血液循环，达到祛病、强身健体的目的。（　　）
25．经络畅通，能通达表里，贯穿上下，达到治疗疾病和身体保健的目的。（　　）
26．经络是运行气血的通路，它包括经脉和络脉。（　　）
27．在美发专业中，脸形分为正面脸形、侧面脸形及五官比例三种。（　　）
28．方脸形的特征是前额凸出，下颌较长，两腮圆润，下颌轮廓不开阔，给人一种亲切感。（　　）
29．平顶头形的特征是前顶部呈平形，给人以头被抬起的感觉。（　　）
30．在审视头形时要从侧面进行，审视的主要部位是前顶部、中顶部和枕骨部。（　　）
31．我国的人体身高通常为7~7.5个头长，这是成年人一般的比例。（　　）
32．高身材的人是指超出标准身材1.5倍，其特征高而胖，颈项较粗，两脚长。（　　）
33．人体各部位的肌肉组织可分为平滑肌、心肌、横纹肌、头肌、表情肌和咀嚼肌，共6种。（　　）
34．笑肌起于咬肌筋膜，止于嘴角皮肤，在收缩时外拉嘴角，呈微笑状。（　　）
35．干刷梳头发的正确方法是：首先从后颈部开始，向前经过头顶到前额发际线中部结束。（　　）
36．干刷梳头发时要注意用力不宜重，手腕要灵活，速度缓慢，舒适不痛，不要逆向梳刷头发。（　　）
37．健康的头发应是清洁无异味，头皮无污垢，无头屑，不黏腻。（　　）
38．如果一个人的身体健康，有精神，那么这个人的头发一定不枯黄、不分叉、无差色。（　　）
39．干刷梳发有利于促进新头发的生长，减少头皮屑的产生，可达到头发健康的目的。（　　）
40．洗头是最重要的头发保健方法，坚持经常洗头，可以代替其他头发养护方法。（　　）

（二）**单项选择题**　下列每题有4个选项，其中只有1个选项是正确的，请将其代号填在横线空白处。每题1分，共60分。

1．美发师为顾客提供美发服务后，引导顾客到收款台，填好账单，请顾客_____。
A．确认质量　　B．确认发型　　C．确认工作　　D．确认并结账

2．美发师在美发操作过程中，应随时听取顾客对洗发时的水温、按摩时_____等反映。
A．发质的好坏　　B．洗发水的多少　　C．力度的大小　　D．梳子的长短

3. 美发师为顾客提供美发服务前要了解_____。
   A. 顾客需求　　B. 顾客年龄　　C. 顾客心事　　D. 顾客消费水平
4. 美发师根据顾客要求的服务项目，要自己动手或安排助理按服务程序、_____进行操作。
   A. 材料数量　　B. 用料标准　　C. 服务目的　　D. 服务设备
5. 作为一名优秀的美发师，核心内容就是诚实守信、_____。
   A. 爱岗敬业　　B. 勤奋工作　　C. 热爱服务　　D. 忠实职业
6. 美发师热爱自己的本职工作就要_____。
   A. 认真美发　　B. 承担责任　　C. 守职尽责　　D. 热爱顾客
7. 美发师热爱自己的本职工作，对自己所从事的专业要_____。
   A. 诚实可靠　　B. 充满自信　　C. 专职负责　　D. 敬业服务
8. 美发师要认真学习美发知识和专业技能，不断提高理论水平和实际操作_____。
   A. 工作　　B. 数量　　C. 技艺　　D. 能力
9. 皮肤是人体最大的感觉器官，成年人的皮肤总面积达_____。
   A. 1~1.5平方米　　B. 1.5~2平方米
   C. 1.2~2平方米　　D. 1.8~2.2平方米
10. 皮肤表面有许多纤维，形成纵横交错的_____。
    A. 皮纹　　B. 皮屑　　C. 皮脂　　D. 皮角
11. 在手指末端，侧掌面的皮纹整齐而规则，称为_____。
    A. 指屑　　B. 指纹　　C. 指甲　　D. 指肚
12. 人的皮肤厚度平均为_____。
    A. 0.5~3毫米　　B. 0.6~0.8毫米　　C. 1.0~1.5毫米　　D. 0.5~4毫米
13. 胡刷、木梳子、排骨刷、烫发杠的消毒方法是：采用含量为3%的_____浸泡15分钟后晾干。
    A. 洗消净溶液　　B. 药物剂　　C. 来苏水　　D. 漂白粉
14. 棉织品如放在含有0.25%~0.5%的_____中浸泡15分钟后再用清水洗净，也可达到消毒目的。
    A. 漂白粉溶液　　B. 新洁尔灭剂　　C. 药物消毒剂　　D. 洗消净溶液
15. 温度应为100℃，持续15分钟，这种对棉织品消毒的有效方法是_____。
    A. 烧烤消毒　　B. 蒸汽消毒　　C. 烘干消毒　　D. 酒精擦拭消毒
16. 剃刀消毒必须用75%的_____擦拭或浸泡。
    A. 酒精溶液　　B. 新洁尔灭溶液　　C. 药物溶液　　D. 洗消净溶液
17. 人的头部肌肉称为头肌，主要有表情肌和_____两种。
    A. 咀嚼肌　　B. 平滑肌　　C. 皱眉肌　　D. 横纹肌
18. _____一端起于颅骨，另一端止于面部皮肤，收缩时使面部皮肤拉紧，改变其形状和外观。
    A. 眼轮肌　　B. 降眉肌　　C. 表情肌　　D. 笑盈肌
19. _____位于额部皮下，当额肌收缩时，可使额部出现皱纹。
    A. 头肌　　B. 额肌　　C. 笑肌　　D. 皱肌

20. _____又称三棱鼻肌，收缩时可加强皱眉肌形成的表情。
    A．平滑肌   B．表情肌   C．横纹肌   D．降眉肌
21. 肌肉组织的基本功能是收缩和_____。
    A．放松   B．收紧   C．收放   D．紧固
22. 人体肌肉的质量约占人体质量的_____。
    A．60%   B．50%   C．40%   D．56%
23. 由于中枢神经系统持续兴奋，使肌肉经常保持持续性的轻微收缩状态，这种状态叫_____。
    A．肌松弛   B．肌收缩   C．肌放松   D．肌紧张
24. 通过对人体某部位的皮肤进行按、压、摩、揉，可促进皮下毛细血管扩张，有利于汗腺和_____。
    A．皮脂脱落   B．皮脂分泌   C．皮脂增生   D．皮脂减少
25. 对皮肤进行按摩有利于汗腺分泌，改善皮肤营养，增强皮肤_____活动。
    A．深层细胞   B．表层细胞   C．中层细胞   D．毛细血管
26. 通过双手对皮肤的按、压、摩、揉，提高肌群的活力，增强耐力，有利于消除_____疲劳。
    A．肌肉   B．肌肤   C．肌群   D．肌筋
27. 秦汉时期，我国按摩史上第一部专著《黄帝岐伯按摩》_____。
    A．再版   B．问世   C．改版   D．禁止发行
28. 按摩术在中国的历史已有_____。
    A．3 500多年   B．3 000多年   C．2 000多年   D．1 800多年
29. 明代将按摩术改为推拿，并一直沿用到今天。到了清朝，在继承前人按摩术的同时又增设了_____。
    A．保健推拿   B．脊椎按摩   C．理发推拿   D．正骨推拿
30. 面部肌肉较为丰满，前额不够开阔，下颌轮廓圆润的脸形称为_____。
    A．方圆形脸   B．圆形脸   C．偏圆形脸   D．长方圆形脸
31. 在物理学上，称赤橙黄绿青蓝紫7种光波为_____。
    A．光源   B．光色   C．光谱   D．光彩
32. 由三棱镜分解出来的色光，如果用光度计测定，可以得出各色光的_____。
    A．波距   B．波深   C．波浅   D．波长
33. 英国物理学家牛顿把太阳光透过小孔引进暗室，通过三棱镜折射出_____。
    A．七色光   B．五色彩   C．六色谱   D．七色相
34. 七色光是指由太阳光折射出的赤橙黄绿青蓝紫7种_____。
    A．光波群   B．光波   C．光波体   D．光谱度
35. 根据国家规定，化学用品必须注明生产日期和_____。
    A．保质期   B．保值期   C．回收期   D．出售期
36. 根据国家规定，化学用品没有生产日期和保质期的属于_____。
    A．保质产品   B．伪劣产品   C．名牌产品   D．过期产品
37. 一般美发化学用品应有淡淡的清香味，如果发现有异常气味，说明化学用品已经

_____。

　　A．变色　　B．减量　　C．变质　　D．使用过

38．美发化学用品的标签上如果没有_____、生产日期和保质期标志的为不合格产品。

　　A．生产人数　　B．厂长姓名　　C．厂家规模　　D．生产厂家

39．社会组织是人们有计划、有组织地建立起来的一种_____。

　　A．组织机构　　B．社会机构　　C．社会传递　　D．社会传播

40．社会组织的工作目标是进一步完善_____。

　　A．工作形式　　B．团体关系　　C．社会分工　　D．组织方式

41．信息传播是社会组织与公众关系的_____。

　　A．调节目的　　B．联系方法　　C．媒介　　D．调节手段

42．美发服务业公共关系活动的内容之一是通过_____，影响顾客消费。

　　A．召集开会　　B．发布信息　　C．传达精神　　D．口头传达

43．美发企业要不断地从顾客那里得到信息反馈，并根据_____随时调整自己的行为。

　　A．实际情况　　B．反馈的态度　　C．反馈的信息　　D．工作性质

44．美发企业的公共关系活动主要是以顾客为核心而开展的一系列_____活动。

　　A．信息传播　　B．塑造形象　　C．开展促销　　D．争取美誉

45．美发服务工作对语言的要求高于其他_____，这是由美发服务的工作特点所决定的。

　　A．工作　　B．行业　　C．组织　　D．工种

46．一名优秀的美发师在某种意义上也应该是一名优秀的_____。

　　A．色彩大师　　B．会计师　　C．绘画大师　　D．语言大师

47．手握铅笔沿一个方向画直线，入笔、收笔要轻，主要运用腕力，_____。

　　A．虚入虚出　　B．虚入凸出　　C．虚入浅出　　D．虚入深出

48．素描画线入笔、收笔要轻，线条相连处应_____。

　　A．无断迹　　B．无痕迹　　C．有印迹　　D．无渍迹

49．素描中的面要有深浅过渡，通常采用交叉线加深，用_____，深色面的线条要密一些。

　　A．直线加深　　B．曲线加深　　C．叠线加深　　D．波浪线加深

50．素描画线要像书法创作一样，善于运用腕力画出具有抑扬顿挫、刚劲有力、富有弹性的线条来，所以线条有_____。

　　A．刚柔之分　　B．深浅之分　　C．曲直之分　　D．软硬之分

51．色彩的三要素指色相、明度和_____。

　　A．彩度　　B．色度　　C．浅度　　D．深度

52．_____就是色彩的名称，也可以说是色彩的相貌和特征。

　　A．色度　　B．色相　　C．彩度　　D．纯度

53．明度是指色彩明暗度，即_____，也就是加入白或黑后所起变化的程度。

　　A．颜色的丰富　　B．颜色的稀少　　C．颜色的深浅　　D．颜色的变化

54．纯度是色彩的_____，颜色越鲜艳，纯度就越高。

　　A．调和程度　　B．光亮程度　　C．纯净程度　　D．干净程度

55. 吹风机是梳理造型的重要工具之一，每天用后应_____。
    A．水洗揩净　　B．揩净去尘　　C．揩净摆放　　D．揩净擦干
56. 使用吹风机时，造成转速减慢的原因之一是定子绕组短路或粘满_____。
    A．灰尘　　B．炭粉　　C．污垢　　D．油渍
57. 盘发中的倒梳法就是将头发内部分层_____，使头发蓬松，起到支撑的作用。
    A．从上到下斜着梳理　　B．将头发从上到下梳理
    C．顺着发梢来回梳理　　D．从发梢向发根反复倒梳
58. 造成吹风机没有热风的原因，一是选择开关没有开到热风挡，二是熔丝_____。
    A．被烧细　　B．被烧红　　C．被烧断　　D．被烧热
59. 吹风机的_____由许多硅钢片叠压而成。
    A．定子磁铁　　B．氧化磁铁　　C．凸板磁铁　　D．凹板磁铁
60. _____由直径0.12毫米漆包线缠绕而成，共两个，安装在定子磁铁凸板上。
    A．线包　　B．线圈　　C．线路　　D．线板

知识考核模拟试卷二

（一）**判断题**　下列判断正确的请打"√"，错误的打"×"。每题1分，共40分。

1. 色彩的三要素是指色相、明度和彩度（纯度）。（　　）
2. 明度是指色彩的深浅度，如：橙色比黄色亮，红色比橙色亮，蓝色比紫色亮等。（　　）
3. 颜色越鲜艳，明度就越高。（　　）
4. 色彩并不是人为的，也不是物体本身所固有的，它是物体本身吸收和反射光波的结果。（　　）
5. 把太阳光透过小孔引进暗室，通过三棱镜折射出七色光，是当时23岁的英国物理学家牛顿所做的试验。（　　）
6. 鉴别美发化学用品常用的方法有闻、看、查三种。（　　）
7. 美发师必须学会正确选用美发化学用品及其质量鉴别的方法。（　　）
8. 美发化学用品有膏状、液状、乳状、水制体四大类，不管哪一类，如果发现有异常气味，说明已变质，不可再使用。（　　）
9. 漂、染发时，有些人对氨和色素十分敏感，尤其是皮肤有伤者，使用染发产品可能会引发炎症。（　　）
10. 过敏性皮肤的测试方法是：用少量的氨水涂于受试者的耳部两侧，洗净后在2小时内观察是否有反应。（　　）
11. 电推子是推剪发的主要工具，如果离开电推子就不能剪出美丽的发式。（　　）
12. 雕推（轧）法适用于推轧掉棱角和凹凸不平处的头发，修发式边路时也常常采用此方法。（　　）
13. 每天使用吹风机后要及时清除风罩上的灰尘，避免形成尘垢。（　　）
14. 造成吹风机转速减慢的原因有电源短路或开关离位较远等。（　　）

15．串激式吹风机线圈由直径 0.18 毫米铜包线缠绕而成，共四个，安装在磁铁板上。
（　）
16．吹风机的换向器由 8 个铜块相互绝缘组成。（　）
17．按摩术是我国医学的宝贵遗产，有着悠久的历史，《汉书·艺文》载有《按摩十卷》，记述了按摩的起源、形成、发展等。（　）
18．据《唐六典》记载，在宫廷的太医中设有按摩师 88 人和按摩实习生 155 人。
（　）
19．通过对皮肤进行按、压、摩、揉，可促进毛细血管扩张，有利于汗腺和皮脂分泌，改善皮肤营养。（　）
20．按摩对皮肤神经具有良性刺激，通过经络反射作用，使血管扩张，促进血液循环，改善心肌供氧。（　）
21．烫发剂、染发剂、双氧乳和洗面奶均属乳液类型。（　）
22．双氧水、爽肤水、护肤液、摩丝、发胶、美白霜、洗面乳均属乳液类型化学用品。
（　）
23．美发师对语言这种特殊的艺术形式，必须认真学习，潜心研究，细心琢磨，并通过工作不断实践。（　）
24．语言反映说话人的思想感情，但不能反映人的道德品质和文化水平。（　）
25．美发师与顾客交流时，要因人而异采取不同的方式，男女应分开对待，真正做到取信于顾客，绝不能刁难顾客。（　）
26．对受损发质进行烫发时，应选用专用烫发液。（　）
27．美发师可以通过语言和行为对顾客表示欢迎、尊重和感谢等。（　）
28．语言是直接反映一个人行为的一种特殊工具。（　）
29．素描的面要有虚实过渡，通常采用交叉线变浅，线条要粗细均匀，深浅适度，这样描出的线有远近之分。（　）
30．素描主要运用腕力，虚入虚出，线条相连接的点应无痕迹。（　）
31．一般的人在静止时肌肉仍处于稍微收缩的状态中。（　）
32．全身肌肉的质量约占人体质量的 60%。（　）
33．一般男性较女性头皮屑多，因为男性生活规律性较差，又多有饮酒、吸烟习惯，故极易产生头皮屑。（　）
34．一般油性发质除可用碱性洗发液清洗外，还可在头皮上涂上一些润发膏及保湿露等加以保护。（　）
35．顾客对美发师的服务表示不满或发生冲突时，美发师应向顾客解释，说明原因，解决冲突。（　）
36．皮肤主要通过汗腺和皮脂腺分泌汗液，排泄皮脂，人体有大小汗腺 200 万～500 万个。（　）
37．皮肤是人体最重要的组成部分之一，它的功能主要是防止体内水分丢失，避免紫外线射入人体内，造成人身伤害。（　）
38．毛发生长到了一定的时间就会自然脱落，又长出新的毛发，其生长期一般为 2～6 年。（　）

39．成年人的头发数量一般为15万～18万根，正常的成年人大约有65%的头发处于生长期。（　　）

40．人的皮肤平均厚度为3～5毫米，背部、颈部皮肤最薄。（　　）

（二）**单项选择题**　下列每题有4个选项，其中只有1个选项是正确的，请将其代号填在横线空白处。每题1分，共60分。

1．美发师讲究个人卫生是非常重要的，为此美发师在工作中必须做到_____和"四坚持"。

　　A．"三勤"　　B．"四勤"　　C．"五勤"　　D．"六勤"

2．美发师在日常工作中应养成良好的_____。

　　A．讨价还价习惯　　B．与他人闲聊习惯　　C．卫生习惯　　D．晚起习惯

3．美发师在操作过程中若接触不卫生的物品或皮肤病患者后，所用工具要_____。

　　A．接着使用　　B．随时消毒　　C．两客一换　　D．一块使用

4．为保护美发师个人的身体健康应坚持_____。

　　A．洗头时戴口罩　　B．饭前便后要洗手
　　C．统一穿着工作服　　D．操作工具一天一消毒

5．美发师在与_____打招呼之前，应先向正在接受服务的顾客道一声"对不起"。

　　A．早来的顾客　　B．新来的顾客　　C．等待的顾客　　D．要走的顾客

6．美发师请顾客入坐时应辅之以_____。

　　A．夸张的动作　　B．严厉的语言　　C．准确的手势　　D．自然的微笑

7．美发师在美发操作之前，一定要先与顾客进行充分的_____。

　　A．沟通　　B．讨价还价　　C．解释　　D．讨论

8．美发师在美发操作中除遇特殊情况外，不应_____。

　　A．继续服务　　B．与顾客协商发式　　C．考虑顾客需求　　D．中断服务

9．在皮肤表面有一层乳状皮脂膜，使皮肤呈弱酸性，其pH值为_____。

　　A．3.5～6.0　　B．4.5～7.0　　C．3.8～6.5　　D．5.0～7.5

10．皮肤主要通过汗腺和皮脂分泌汗液和_____。

　　A．排泄汗液　　B．排泄废物　　C．排泄皮脂　　D．排泄毒素

11．当人体温度升高时，出汗增多，皮肤能散发出人体内的_____。

　　A．多余汗液　　B．多余皮脂　　C．多余废物　　D．多余热量

12．_____位于真皮和皮下组织内，遍布全身，它的导管经过真皮直接开口于皮肤表面。

　　A．汗腺　　B．汗液　　C．皮脂腺　　D．分泌腺

13．通过汗腺的分泌，除可散热和调节体温外，还有_____的作用。

　　A．增强体力　　B．排泄汗液　　C．排泄废物　　D．排泄毒素

14．_____位于真皮和毛囊相连接处，开口于毛囊，可分泌皮脂。

　　A．分泌腺　　B．皮脂腺　　C．汗腺　　D．汗液

15．如果头部的皮脂腺长期分泌过多，会形成_____脱发。

　　A．病理性　　B．营养性　　C．失养性　　D．脂溢性

16．人的皮肤对水分及脂溶性营养物质具有_____。

A．散热功能　　B．分泌功能　　C．吸收功能　　D．排泄功能

17．按摩即推拿，它运用各种手法刺激人体肌表一定部位或某些穴位，调整人体生理机能及_____。

A．病理状态　　B．心理状态　　C．肌体状态　　D．生理状态

18．各种按摩手法都是运用双手做动力或用按摩器械施力，产生_____。

A．调节效果　　B．物理效应　　C．生理作用　　D．治疗效果

19．经络是运行气血的通路，它包括经脉和_____。

A．细脉　　B．动脉　　C．络脉　　D．通脉

20．经络系统有_____及其分支。

A．十二经脉　　B．十四经脉　　C．十六经脉　　D．十三经脉

21．祖国医学典籍里讲：通则不痛，痛则不通；阴盛阳病，阳盛阴病。如果阴阳失调，就会引起肢体疲劳，必然导致人的_____。

A．肌体损伤　　B．肌肉虚弱　　C．肌体生病　　D．肌体病变

22．_____前额部位发际线生长较高，下颌较长，脸部肌肉不够丰满，给人以朴实的感觉。

A．长方形脸　　B．三角形脸　　C．方圆形脸　　D．瘦长形脸

23．_____颧骨凸出，前额较窄，下颌部位较尖，给人以灵巧、清秀的感觉。

A．三角形脸　　B．倒三角形脸　　C．菱形脸　　D．圆形脸

24．倒三角形脸前额宽，下颌较尖，给人以清瘦、_____的感觉。

A．体弱　　B．健美　　C．朴实　　D．灵敏

25．即使经国家产品质量管理部门鉴定合格的优质漂、染发产品，也会对某些人引起_____。

A．过敏反应　　B．过热反应　　C．发质损伤　　D．发质修补

26．对皮肤有伤者进行染发时可能会引发_____。

A．癌变　　B．炎症　　C．脱敏症　　D．皮肤病变

27．染过的头发切不要立即烫发，以免_____。

A．色素变黄　　B．色素变深　　C．色素消失　　D．色素转化

28．对皮肤过敏者进行染发前应先做_____。

A．皮肤反应　　B．皮肤认定　　C．皮肤检查　　D．皮肤测试

29．雕推（轧）法适用于局部接茬和推剪（轧）掉_____凹凸不平处的头发。

A．锐角　　B．活角　　C．死角　　D．棱角

30．_____只用推齿左侧或右侧一二个齿推剪（轧）头发。

A．雕轧法　　B．切轧法　　C．半口轧法　　D．侧轧法

31．利用局部推齿推剪（轧）头发的方法是_____。

A．左侧推轧法　　B．半口推剪法　　C．半切推剪法　　D．雕推剪法

32．利用全部推齿推剪头发的方法是_____。

A．整口推剪法　　B．全面推剪法　　C．满口推剪法　　D．半口推剪法

33．语言是人类用来表达思想、交流感情的一种_____。

A．特殊工具　　B．专业工具　　C．一般工具　　D．传播工具

34．语言是人与人之间相互联系的纽带和_____。
   A．中介   B．桥梁   C．沟通   D．连接
35．语言源于心，启于齿，肺腑之言是心灵_____。
   A．情感的体现   B．真诚的体现   C．情意的体现   D．愉快的体现
36．语言以各种不同的表达方式来反映说话人的思想、道德、美丑、善恶和_____。
   A．真实   B．真心   C．真伪   D．真情
37．通过美发师对_____的理解和掌握，可以看出他在艺术造诣上的高低。
   A．水彩   B．油画   C．素描   D．国画
38．用_____来表现发型效果是最便捷的方法。
   A．素描图   B．色彩图   C．油画   D．中国画
39．_____不单单是发型设计的图画，而且也是一件具有美学价值的艺术作品。
   A．发型色彩效果图   B．发质好的效果图
   C．发型设计效果图   D．发式油画效果图
40．美发师运用_____的空间、走向、质感等手段可以把一个发型效果图表现得很完美。
   A．油画   B．素描   C．图画   D．水彩
41．每天早晨或美发之前，尤其是晚上睡觉前坚持梳刷头皮数十次是必不可少的_____方法。
   A．头发保健   B．头发清洁   C．头发柔顺   D．头发润泽
42．干刷梳理头皮时，齿尖对头皮产生刺激，传导到头皮深层，直达毛发根部，可增强头肌细胞和毛囊的_____，有助于恢复毛根功能。
   A．生物细胞   B．生物活性   C．生物蛋白   D．活性细胞
43．经常梳刷头皮可修复受损细胞，有助于恢复_____。
   A．毛根功能   B．毛根活性   C．毛根弹性   D．毛根韧性
44．干刷梳理头发有利于改善血液循环，提高血流量，使毛囊和毛球获得足够的_____。
   A．水分   B．血液   C．营养   D．活性
45．头发清洁无味、无污垢、无头屑、不黏腻，头发表层一定是_____。
   A．光润生辉   B．光润亮丽   C．光润飘逸   D．光润秀美
46．发丝光泽亮丽，丝丝可见，柔顺服帖，表明头发具有较好的_____。
   A．韧性   B．弹性   C．光泽   D．亮丝
47．头发的发尾不分叉，发干_____，表明发根有弹力。
   A．不扭曲   B．有缠绕   C．不打结   D．不黏腻
48．美发师的语言运用技巧是顾客评价美发店服务质量好坏的_____。
   A．惟一标准   B．重要内涵   C．重要依据   D．一般依据
49．俗语说："良言一句严冬暖，恶语伤人六月寒。"美发师的每句话都能给顾客留下一定的_____，并产生一定结果。
   A．印象   B．好意   C．情感   D．回忆
50．在梳理头发时，头皮屑大量脱落，好像下雨似的，这属于病理现象，在医学上称为

_____。
    A．头部脂溢症   B．头部糖疹症   C．头部脂漏症   D．头部湿疹症

51．产生头皮屑的原因之一是分泌皮脂较多，细胞角质脱出而粘在头皮上，这叫做_____。
    A．头部秕糠疹   B．头部角质症   C．头部糖疹症   D．头部湿疹症

52．头皮屑是因为头部皮脂腺分泌和表皮_____的新陈代谢作用而产生的。
    A．皮质层   B．角质层   C．油脂层   D．脂肪层

53．当头皮屑严重时，整个皮肤就如同_____一般。
    A．糠疹   B．秕疹   C．漏疹   D．湿疹

54．毛发生长可分为三个时期，即生长期、退行期和_____。
    A．静止期   B．脱落期   C．速长期   D．固定期

55．头发的生长期一般为_____。
    A．3～4年   B．2～6年   C．5～6年   D．4～5年

56．头发的生长期最长可延续_____。
    A．30年   B．20年   C．25年   D．35年

57．毛发的生长受人体健康影响而有快有慢，平均每日生长约_____。
    A．0.25～0.26毫米   B．0.28～0.30毫米
    C．0.20～0.22毫米   D．0.27～0.40毫米

58．_____头顶部向上鼓起，有增高身材的视觉效果。
    A．方长头形   B．较长头形   C．尖顶头形   D．略尖头形

59．前顶和中顶呈凹陷或平面状，给人以降低头形感觉的是_____。
    A．略平头形   B．平顶头形   C．圆顶头形   D．方顶头形

60．_____的特点是枕骨处扁平或略有凹陷，中顶部产生尖的感觉。
    A．枕骨凹头形   B．平顶头形   C．方顶头形   D．较长头形

技能操作模拟试卷

题目　洗发、剪发、吹梳造型

一、洗发（此题占试卷总分20%）

1．内容及操作要求

熟练掌握洗发的止痒方法（包括抓擦止痒、水温止痒、按摩止痒以及药物止痒），做到洗净冲透，使客人感觉舒适。

2．准备工作

准备围布、毛巾、梳子、钢丝刷、药物洗发液等各1件。

3．考核时限

（1）基本时间　准备时间1分钟，正式操作时间6分钟。

（2）时间允差　每超过1分钟扣5分，不足1分钟按1分钟计算。超过2分钟不计成绩。

4．评分项目及标准（见表Ⅲ—7）

表Ⅲ—7

序号	评分要点	配分	评分标准
1	熟练掌握抓擦止痒	20	抓擦手法单调、不熟练扣10分，抓擦部位不准扣5分
2	适宜的水温止痒	20	冲洗时"抖"的手法差扣10分，水温未逐渐加热扣5分
3	按摩止痒，按摩穴位8~10个，手法、穴位准确	20	按摩手法不正确扣10分，穴位不准确扣5分，按摩穴位数量太少扣5分
4	洗净冲透，使顾客感觉舒适	20	未洗净冲透扣10分，顾客感觉不舒适扣10分
5	洗发液不能滴到顾客的面部、脖颈和衣物上	20	洗发液滴到顾客的面部和脖颈上扣5分，弄湿顾客衣物扣5分

二、剪发（低层次）（此题占试卷总分50%）

1. 内容及操作要求

按操作程序分发区，修剪导线、后脑部、头两侧、额前、头顶部头发，修饰定型。发型轮廓必须与人体各部位比例协调，层次修剪必须与纹样设计和谐一致，发尾切口必须适应发质弹力，头发的量感必须符合发式和位置。

2. 准备工作

准备围布、毛巾、剪刀、牙剪、削刀、梳子等各1件。

3. 考核时间

(1) 基本时间　准备时间1分钟，正式操作时间20分钟。

(2) 时间允差　每超过1分钟扣2分，不足1分钟按1分钟计算。超过3分钟不计成绩。

4. 评分项目及标准（见表Ⅲ—8）

表Ⅲ—8

序号	评分要点	配分	评分标准
1	按操作程序分发区，按留发长短修剪导线	10	分发区不准确扣5分，修剪导线角度偏差扣5分
2	修剪后脑部、头两侧头发	10	后脑部与导线衔接不好扣5分，头两侧头发不对称、前后脱节扣5分
3	修剪额前、头顶部头发	10	额前刘海儿与头两侧头发不对称扣3分，头顶部头发修剪与发质不相称扣5分
4	修饰定型，按程序操作	10	修饰定型不认真扣5分，操作程序错误扣5分
5	发型轮廓必须与人体各部位比例协调	15	发型轮廓与人体各部位比例失调扣10分
6	层次修剪必须与纹样设计和谐一致	15	发型层次与发型设计不一致扣5分
7	发尾切口必须适应发质弹力	15	发尾切口不适应发质弹力扣10分
8	头发的量感必须符合发式和位置	15	头发的量感不符合发式和位置扣10分

三、吹梳造型（此题占试卷总分30%）

1. 内容及操作要求

无论是吹梳男式发型还是女式发型都要按操作规程进行操作，前额、头两侧、头顶部、后脑部头发须和谐统一，造型要"扬瑜掩瑕"，并配合脸形、身材、体态，用设计构思加技巧方法把造型要素——轮廓、色彩、纹样、点、线、面、形、体有机地组合起来，创造最美的发型，发型应该是艺术品。

2．准备工作

准备围布、毛巾、梳子、排骨刷、卷刷、吹风机等各1件，以及摩丝、发胶、啫喱等固发用品。

3．考核时限

（1）基本时间 准备时间1分钟，正式操作时间14分钟。

（2）时间允差 每超过1分钟扣2分，不足1分钟按1分钟计算。超过2分钟不计成绩。

4．评分项目及标准（见表Ⅲ—9）

表Ⅲ—9

序号	评分要点	配分	评分标准
1	按操作规程吹梳造型	10	违反发式吹梳造型操作规程扣5分
2	吹梳前额、头两侧头发	10	头两侧头发不对称扣5分，头两侧与前额头发衔接欠缺扣5分，前额头发缺乏艺术性扣5分
3	吹梳头顶部、后脑部头发	10	头顶部头发轮廓有缺陷扣5分，后脑部头发不丰满扣5分，纹样不清、发丝不顺扣5分
4	发型要配合脸形、身材、体态	20	发型不能配合脸形扣10分，发型与身材、体态不相称扣5分
5	造型应能体现设计构思，技巧方法应熟练	20	造型不能体现设计构思扣10分，技巧单调、方法生疏扣5分
6	完美的艺术造型	20	整体造型缺乏艺术性扣10分
7	合理使用固发用品	10	固发用品使用不合理扣5分

五、参考答案

知识试题

(一) 判断题

1.√	2.√	3.√	4.√	5.√	6.×	7.×	8.×	9.√	10.×
11.×	12.√	13.√	14.×	15.×	16.√	17.×	18.×	19.√	20.×
21.×	22.√	23.×	24.×	25.√	26.√	27.√	28.√	29.√	30.×
31.×	32.×	33.×	34.√	35.√	36.√	37.×	38.×	39.×	40.√
41.√	42.×	43.×	44.√	45.×	46.×	47.√	48.√	49.×	50.√
51.×	52.√	53.×	54.√	55.×	56.√	57.√	58.×	59.√	60.√
61.√	62.√	63.√	64.√	65.√	66.√	67.√	68.√	69.√	70.√
71.√	72.×	73.×	74.√	75.√	76.√	77.√	78.√	79.√	80.×
81.√	82.√	83.√							

(二) 单项选择题

1.B	2.A	3.B	4.D	5.A	6.C	7.C	8.B	9.C	10.B
11.B	12.A	13.A	14.C	15.D	16.C	17.D	18.C	19.B	20.A
21.A	22.B	23.B	24.B	25.C	26.B	27.D	28.C	29.A	30.B
31.A	32.B	33.A	34.B	35.B	36.D	37.D	38.C	39.B	40.B
41.C	42.C	43.B	44.C	45.C	46.D	47.B	48.C	49.C	50.A
51.D	52.D	53.A	54.B	55.D	56.D	57.D	58.C	59.C	60.C
61.B	62.C	63.D	64.C	65.C	66.D	67.D	68.D	69.B	70.D
71.B	72.C	73.C	74.D	75.C	76.B	77.D	78.C	79.C	80.D
81.A	82.B	83.C	84.C	85.C	86.B	87.B	88.A	89.B	90.C
91.C	92.C	93.C	94.A	95.C	96.C	97.A	98.C	99.C	100.B
101.D	102.B	103.B	104.D	105.C	106.A				

知识考核模拟试卷一

(一) 判断题

1.×	2.√	3.×	4.√	5.√	6.×	7.√	8.×	9.√	10.√
11.√	12.√	13.×	14.√	15.√	16.×	17.√	18.√	19.√	20.×
21.√	22.√	23.×	24.√	25.×	26.√	27.√	28.×	29.×	30.√

31.√ 32.× 33.× 34.√ 35.× 36.√ 37.√ 38.× 39.√ 40.×

(二) 单项选择题

1.D	2.C	3.A	4.B	5.A	6.C	7.B	8.D	9.C	10.A
11.B	12.D	13.C	14.D	15.B	16.A	17.A	18.C	19.B	20.D
21.A	22.C	23.D	24.B	25.A	26.C	27.B	28.C	29.D	30.B
31.C	32.D	33.A	34.B	35.A	36.B	37.C	38.D	39.B	40.C
41.D	42.B	43.C	44.A	45.B	46.D	47.A	48.B	49.C	50.D
51.A	52.B	53.C	54.C	55.D	56.B	57.D	58.C	59.A	60.B

知识考核模拟试卷二

(一) 判断题

1.√	2.×	3.×	4.√	5.√	6.√	7.√	8.×	9.√	10.×
11.×	12.×	13.√	14.×	15.×	16.√	17.√	18.×	19.√	20.√
21.√	22.×	23.√	24.×	25.√	26.√	27.√	28.×	29.×	30.√
31.√	32.×	33.√	34.×	35.×	36.√	37.×	38.√	39.×	40.×

(二) 单项选择题

1.A	2.C	3.B	4.B	5.B	6.C	7.A	8.D	9.B	10.C
11.D	12.A	13.C	14.B	15.D	16.C	17.A	18.B	19.C	20.A
21.D	22.A	23.C	24.D	25.B	26.B	27.C	28.D	29.D	30.A
31.B	32.C	33.A	34.B	35.B	36.C	37.C	38.A	39.C	40.B
41.A	42.B	43.A	44.C	45.A	46.B	47.C	48.C	49.A	50.C
51.A	52.B	53.D	54.A	55.B	56.C	57.D	58.C	59.B	60.A

第四部分 高级美发师

一、学习要点

表Ⅳ—1

工作内容	学习要点	重要程度
服务接待艺术	1. 处理投诉的基本原则	了解
	2. 处理顾客投诉的程序	了解
	3. 美发服务业公共关系的任务	熟知
	4. 美发服务业公共关系的内容	熟知
	5. 美发流行趋势的掌握与分析	了解
	6. 主要国家（地区）民俗、宗教与发型知识	了解
服务咨询艺术	1. 毛发的病理现象和护理方法	熟知
	2. 美发服务中常见的技术问题及处理方法	掌握
正确的洗发方法	1. 污垢及头皮屑的清除方法	掌握
	2. 不同部位的抓擦手法	掌握
	3. 冲洗方法	掌握
	4. 干洗的概念与原理	了解
	5. 干洗的操作程序	熟知
剃须、修面	1. 根据脸部生理特征选用不同刀法	掌握
	2. 特殊胡须的修剪方法	掌握
	3. 胡须的形状和修饰方法	掌握
	4. 修剪后的皮肤护理	熟知
	5. 面部肌肉、神经、穴位的按摩	掌握
	6. 经络按摩	掌握
发型设计	1. 发型设计的原理	熟知
	2. 发型设计的方法	掌握
	3. 发型设计的思维程序	了解
	4. 发型设计的形式美	熟知
	5. 发型设计的制约条件	熟知
	6. 发型设计和制作工艺的关系	掌握
素描	1. 素描与发式造型的关系	熟知
	2. 素描的基本因素	熟知
	3. 素描的表现形式	熟知

续表

工作内容	学习要点	重要程度
化妆美容	1. 常用化妆品的作用及使用方法	了解
	2. 化生活妆的步骤	掌握
剪发技术	1. 女式修剪各种层次的特点	熟知
	2. 对各种层次修剪的综合运用	掌握
	3. 长发修剪的程序和方法	掌握
	4. 短发修剪角度与层次变化	掌握
	5. 修剪的技术难题	了解
烫发	1. 烫发卷杠的方法	掌握
	2. 特殊卷烫技术	熟知
	3. 烫发工具的综合运用	掌握
	4. 电棒烫的操作程序	掌握
	5. 避免烫发造成损伤的措施	掌握
吹梳造型	1. 各种造型技巧的掌握和运用	掌握
	2. 对不同个性顾客选择发型的方法	掌握
	3. 对不同年龄顾客选择发型的方法	掌握
	4. 季节对发型制作的影响	熟知
	5. 卷发做花造型的程序和方法	掌握
	6. 徒手吹长发波浪造型的技巧	掌握
	7. 假发的种类	了解
	8. 选配假发的操作技巧	掌握
	9. 婚礼发型盘（束）发技术	掌握
	10. 生活发型盘（束）发技术	掌握
漂发与染发	1. 漂发原理	了解
	2. 漂发操作方法	掌握
	3. 漂发注意事项	熟知
	4. 漂发后的头发护理	掌握
	5. 染发原理	了解
	6. 染发操作方法	掌握
	7. 线染、片染、段染、发尾染的操作方法	掌握
	8. 染发后的护理和保养	掌握
培训与指导	1. 对初级美发师进行辅导与示范	掌握
	2. 帮助初级美发师解决技术难题	掌握
	3. 对中级美发师进行培训与指导	掌握

二、知 识 试 题

（一）**判断题**　下列判断正确的请打"√"，错误的打"×"。
1．男子穿西装时的发型可用吹风机定型，使发型饱满，显出风度，与服装相协调。
（　　）
2．女士穿套裙应和显得活泼、轻盈、利索的发型相配。（　　）
3．卷发类发型显得庄重、大方，适合中青年女性梳理。（　　）
4．波浪式发型适合各年龄段的人。（　　）
5．在假发制品中，发套、发片、发卷和发垫都是美发企业经常使用的。（　　）
6．发套有生活用发套和装饰用发套两种类型。（　　）
7．发片的作用是弥补头发稀少的缺陷。（　　）
8．发卷和发垫衬垫在头发里面，可增加头发的容量。（　　）
9．生活用发套有长发、短发、直发和卷发等类型。（　　）
10．婚礼发型属礼节性发型，不能过于夸张或随意。（　　）
11．纱布在电棒烫中起保护作用，可避免烫伤皮肤。（　　）
12．绒绳烫的排卷有纵向排卷、横向排卷和斜向排卷三种类型。（　　）
13．剃须或修面常用的刀法有正手刀、反手刀、推刀、削刀和滚刀。（　　）
14．在修额部时，一般选用正手刀和推刀，配合"拉"法来修剪。（　　）
15．在修面时，脸颊部分多数用推刀和长刀，同时要变换各种手法以利于修剪。（　　）
16．"长刀"指的是从落刀到收刀的间距，一般为 7～10 厘米。（　　）
17．"短刀"的摆动幅度小，运行路线短，一般为 5～7 厘米。（　　）
18．何时使用长、短刀法主要根据胡须的粗细和生长位置等因素来决定。（　　）
19．修面时用离子喷雾器替代热毛巾，可使胡须软化，修剪后毛孔收缩，感觉舒适滋润，它对修剪特殊胡须很有效。（　　）
20．如果使用了劣质洗发液或洗发时间过长，洗发后发丝就会有一层灰白的膜。（　　）
21．烫发除了要改变发质，增加头发的弹性和张力之外，更重要的是改变头发线条的形态。（　　）
22．用不同的卷心和不同的卷杠方法是烫发中改变头发形状的前提和先决条件。（　　）
23．按排卷方向的变化分类，排卷有普通、扇形、砌砖、人字形和十字形等类型。
（　　）
24．烫头发根部可使发根蓬松，增加头发的支撑力。（　　）
25．头发稀少的人用挑烫法烫发，可以弥补头发稀少的缺陷。（　　）
26．局部烫发可烫发尾部分的头发，使发尾部位的头发显得丰满。（　　）
27．对油性头发进行烫发时，应冲淡烫发液的浓度，这样烫后发质会有光泽。（　　）
28．电棒烫是在火钳烫的基础上经过革新、改进而形成的。（　　）

29．发式造型作为一门造型艺术不能脱离环境的因素。（　　）
30．亮露法在发式造型中的突出特点是：尽一切可能使美的部分显露出来，显示出发型的外在美和内在美。（　　）
31．分割法就是利用分割率将头发分成所需要的几部分。（　　）
32．点缀法的作用就是让发色鲜艳，引人注目。（　　）
33．渲染法有发饰渲染、彩色渲染和造型艺术渲染等类型。（　　）
34．渲染法的作用就是让头发增加色彩。（　　）
35．所谓性格，就是指表现一个人的态度和行为等方面比较稳定的心理特征。（　　）
36．开朗活泼的人，相配的发型应有流畅感、运动感。（　　）
37．潇洒大方的人，应选择秀丽、淡雅的发型为宜。（　　）
38．中年人的发型也要丰富多彩，要趋向年轻化，但应避免奇形怪状。（　　）
39．老年人应留短发，并且要留简洁的发型，设计不要太复杂。（　　）
40．老年人也应焕发出青春朝气，留任何新颖的发式都适合。（　　）
41．教师的发型要端庄、稳重，形象要简洁明快。（　　）
42．复活节是每年的12月25日。（　　）
43．顾客投诉主要针对设备设施、服务态度和服务质量三个方面。（　　）
44．伊斯兰教历规定每年9月为斋月，斋月有29天和30天之分。（　　）
45．头发早白的原因大多数是由先天性遗传因素、缺乏维生素B和生活没有规律造成的。（　　）
46．只要把调制染膏的比例掌握好，就一定能保证染发的质量。（　　）
47．吹风梳理缺乏光泽，丝纹不流畅，主要原因是由梳刷头发时间不足，未经反复梳刷造成的。（　　）
48．经即"路径"，是经脉纵行的干线。经脉是经络系统的主体，全身有十二条经脉。（　　）
49．对人体上半身进行按摩主要取手太阴肺经，手阳明大肠经，手少阴心经及任、督两脉上的主要穴位。（　　）
50．督脉具有督一身之阳络的作用，循环于背部正中线，起于长强穴，止于龈交穴，共有28个穴位。（　　）
51．漂发剂中过氧化氢里的氧可使头发发生化学反应，渗入头发内层，除掉黑色素，使头发变色。（　　）
52．按摩是一种良性的物理刺激，是一种传导、疏通的感应，患有结核病、肿瘤、哮喘、心脏病、传染病等都不适宜做按摩。（　　）
53．漂发的颜色由深变浅的7个过程是：黑→褐→红→金红→金黄→黄→浅黄。（　　）
54．漂发前，一要检查头皮，进行皮肤测试；二要洗净头发并擦干；三要准备好漂发的工具和用品。（　　）
55．漂发剂的调配方法是将漂粉和双氧钠按1:3的比例进行调配。（　　）
56．局部漂发要根据发型设计选定漂发区域后，将发束从发根部刷涂后包起来，做到整体与局部的隔离。
57．片染就是将设计好的部位分成很薄的发片（宽度不超过80毫米），将发片整体漂

染，形成间接片状效果。（　　）

58．段染就是在头发外层染，其方法是：先挑出发片，再进行漂染，每层发片染一个部分，形成一个阶段。（　　）

59．发尾染就是只染发梢，不染发干和发根。发尾染可一层染一层不染，或是一缕染一缕不染。（　　）

60．初级美发师在修剪中易出现层次脱节、色调不一致、轮廓不饱满和角度不一致等问题。（　　）

61．烫发后，头发"不出花"的主要原因：一是烫发操作不规范；二是发质与烫发剂选用不当；三是卷杠选择不当；四是时间和温度掌握不当。（　　）

62．高级美发师在指导吹风梳理时，要让学员掌握风向、风速、吹风角度和梳刷的配合关系。（　　）

63．长、短刀法的使用也有一定的规律，对体态较胖的人可多采用长刀法。（　　）

64．面部穴位的按摩路线环绕五官进行，可促进血液循环，起到护肤养颜的作用。（　　）

65．经络是经脉和络脉的总称，是人体全身气血运行的通路。（　　）

66．人体的表皮层分为角质层、颗粒层、棘层和网状层。（　　）

67．如果破坏了表皮的角质层，可造成人体新陈代谢紊乱，水分流失，形成头皮屑。（　　）

68．梳头的作用是清除尘埃和头皮屑。（　　）

69．干洗就是不用水，用毛巾将头发擦拭干净即可。（　　）

70．冲洗头发时，可根据顾客的喜好，采用俯首洗或躺卧洗。（　　）

71．干洗用的洗涤剂有椰子油和橄榄油等。（　　）

72．洗发后头发发黏、不蓬松，是由于使用了劣质洗发液造成的。（　　）

73．洗发后发丝缠绕、不易梳理，其原因是洗发前头发没有梳理。（　　）

74．发型设计要根据美学规律进行。（　　）

75．发型美的本质特征决定了发型设计的形象思维和艺术创新的构思形式。（　　）

76．发型设计要与人的脸形、气质和谐统一。（　　）

77．发型设计的核心是构图，构图也称章法、布局，是指在一定空间内安排处理形象各部分的关系和位置，使个别和局部组成和谐统一的形象整体。（　　）

78．整个发型设计步骤可概括为：观察、沟通、设计、制作、修正、成型。（　　）

79．仿生造型法就是将大自然中有生命的动物、植物中形态最美的形象借拟于发型设计中。（　　）

80．人体本身就是由一系列美的几何图形构成的和谐统一的完美形象，用美的几何图形来装饰和丰富自身的发型形象，这就是几何造型法。（　　）

81．美学是研究艺术与开拓环境美的学问。（　　）

82．发型美学是研究人们在发型艺术创造与欣赏中审美活动的特征和规律，并应用于发型设计艺术实践和发型美的学问。（　　）

83．发型美学的主要特点有两个：一是实用性，二是艺术性。（　　）

84．发型美的本质是审美属性。（　　）

85．发型艺术形式包括：发型的组织结构、表现技巧、艺术风格、造型语言和体裁样式等。（　　）

86．点、线、面是几何学的概念。它们在美发造型设计中是基本的表现手段。点是线的起点和终点；线即线条，线条是点移动的轨迹。（　　）

87．线条是发型艺术的主要内容。（　　）

88．发型的形体是发型存在的空间形式，是看得见、摸得着的三维空间内立体造型的自然物质实体，是发型艺术形式的核心。（　　）

89．块面是发型的局部形体，是发型总体的有机组成部分。（　　）

90．立体块面是由直线、弧线和波纹形成的。（　　）

91．纹样是发型整体及局部外观发丝线形、花纹的总称，是构筑发型立体形式的重要手段。（　　）

92．纹样的选用，可多种式样为一体，配饰可选其他纹样。（　　）

93．人类发色大致可分为黄、红、棕、褐、黑、灰、白7种基本发色。（　　）

94．发饰是发型的装饰物，一般有饰发结合、型简饰繁、饰为型的补充三种表现方法。（　　）

95．发型多样化和个性化的趋向，要求美发师在发型设计和进行整体布局时应具有多种形式，做到发各有型，型各有式，式各有布局。（　　）

96．头发的性质决定了任何一款优美的发型都不可能如雕塑作品那样长时间保持不变，因此，发型美又有其时限性。（　　）

97．发型美具有艺术观赏性，它是通过修剪反映出来的。（　　）

（二）**单项选择题**　下列每题有4个选项，其中只有1个选项是正确的，请将其代号填在横线空白处。

1．女士穿西装时，要使发型显得端庄、大方，头发不能过于_____。
　　A．蓬松　　B．自然　　C．活泼　　D．拘谨

2．穿_____应和活泼、轻盈、利索的发型相配，充分显示出青春活力。
　　A．西装　　B．休闲装　　C．套裙　　D．衬衫

3．卷发类发型显得庄重、大方、高雅，适合_____梳理。
　　A．老年女性　　B．女性教师　　C．中青年女性　　D．女性演员

4．美发企业使用的假发制品有_____、发片、发卷和发垫等。
　　A．发条　　B．发包　　C．发圈　　D．发套

5．波浪式发型有水纹波浪、_____、螺旋波浪、刀口波浪和不规则波浪等。
　　A．斜波浪　　B．蛇形波浪　　C．S形波浪　　D．正规波浪

6．发套有_____和装饰用发套两种。
　　A．生活用发套　　B．舞台用发套　　C．宴会用发套　　D．婚礼用发套

7．发片适用于_____时的选配，也可作为发饰或搭配色彩时使用。
　　A．顶部脱发　　B．局部脱发　　C．头发稀少　　D．头部有缺陷

8．发套的大小要根据顾客本人的头形_____来选用。
　　A．大小　　B．胖瘦　　C．形状　　D．特征

9．电棒烫发时，要根据不同顾客的年龄、发质和头形来确定_____。

40．美发服务中，常见的技术问题有_____。
    A．3种   B．4种   C．5种   D．6种
41．烫发中容易出现的问题有：①烫发后的效果与发型设计要求不符；②烫发后头发干枯、起毛。其原因有_____。
    A．2种   B．3种   C．4种   D．5种
42．漂发操作中易出现的问题有：①漂发后的效果达不到目标色；②漂发后的颜色浅于目标色；③_____。
    A．不上色   B．漂发后颜色加深
    C．局部染黑发质不着色   D．漂发后颜色深浅不一致
43．_____忌蓝色、黄色和针。
    A．法国人   B．德国人   C．西班牙人   D．埃及人
44．一般长刀运行距离为_____。
    A．3~5厘米   B．4~6厘米   C．7~10厘米   D．9~11厘米
45．经络是经脉和络脉的总称，是人体全身血气运行的通路。经脉是经络系统的主体，人的全身有_____经脉。
    A．10条   B．12条   C．14条   D．16条
46．络有网络和联系的含义，是经脉的_____。
    A．分支   B．一部分   C．组合   D．大部分
47．发型设计的原则是：发型的本质特征决定了发型设计的形象思维和艺术创新的_____。
    A．方式方法   B．构思形式   C．反映   D．线条结构
48．发型设计的方法大致有_____。
    A．6种   B．3种   C．9种   D．10种
49．现代发型设计的形式美包括_____方面内容。
    A．5   B．6   C．7   D．8
50．现代发式修剪讲究科学，在修剪中发尾的重叠、交错、参差错层形成各种不同形状的_____。
    A．造型方法   B．修剪手段   C．艺术修剪   D．艺术形式
51．在修剪时，发片的提拉角度上升或移动都会直接影响到_____。
    A．发式变化   B．发型的不同   C．层次的变化   D．修剪效果
52．《新旧约全书》是一部_____。
    A．佛教经典   B．基督教经典   C．天主教经典   D．伊斯兰教经典
53．排列的形式都和发容量的变化有关，也和修剪时的_____有关。
    A．层次   B．手法   C．提拉角度   D．修剪角度
54．电棒烫是近年来新兴的一种烫发技术，一般适合烫男、女短发型，经改进后也适合烫女子长发式。使用时应根据头发的长度及层次选择电棒型号，45毫米长的头发应选用_____电棒。
    A．4号   B．6号   C．8号   D．10号
55．一个人的举止、打扮和兴趣爱好是与性格密切相关的。人的性格一般可分为

_____。
  A．5 种 B．6 种 C．7 种 D．8 种

56．长发染发的特点是：由于发尾阻力较大，发尾部分可先着色和_____。
  A．加大药量 B．时间应稍长 C．色彩调深 D．反复梳刷

57．段染与其他染发方法不同，一般情况下是在头发的_____，而不是整个发型都染。
  A．内层上染 B．发梢刷染 C．表层上染 D．深部染

58．烫发操作后，出现烫后没有花的原因有_____。
  A．2 种 B．3 种 C．4 种 D．5 种

59．中级美发师要提高操作熟练程度和技术水平，首先应在修剪方面掌握各种修剪方法和功能，进行发型设计和修剪练习；其次应在_____方面有所提高。
  A．审美方面 B．各种工具使用 C．发式创新 D．吹风造型

60．发型设计要贯穿发型制作的_____。
  A．指导思想 B．艺术构思 C．全过程 D．不同侧面

61．随着科学的发展，美发产品相应发展，烫发剂、洗发液、护发素、染发剂等将会越来越_____。
  A．增加品种 B．高档 C．价格合理 D．系列专一

62．刮脸时要求刀法运用娴熟，两手配合默契，直到刮净和_____。
  A．逆刮 B．穴位按摩 C．舒适卫生 D．润滑

63．发尾指头发的_____。
  A．尖端 B．反翘 C．底部 D．发梢

64．发型容量变化实际上是发式_____。
  A．层次的变化 B．长短的变化 C．发量厚薄的变化 D．发型的变化

65．烫发时应选择适合发质的_____。
  A．酸碱性烫发剂 B．微碱性烫发剂 C．烫发精 D．护发剂

66．发型美学，简单地讲是研究发型审美的_____。
  A．艺术 B．课程 C．科学 D．理论

67．根据发型美的特性，发型美的创造与欣赏需要有_____。
  A．欣赏水平 B．创造水平 C．物质基础 D．艺术水平

68．冷色中的暗淡深重使人沉静，而暖色中的明快鲜亮使人_____。
  A．轻盈 B．年轻 C．兴奋 D．亲切

69．如果物体把七色光谱全部吸收，那我们所看到的就是_____。
  A．黑色 B．白色 C．红色 D．无色

70．假发没有固定形状，有时露在外面，有时衬在里面，用以增加发量。辅助造型的假发是_____。
  A．发垫 B．发片 C．发卷 D．发圈

71．美发师应正确认识投诉，在接待顾客投诉时，应注意遵守_____的基本原则。
  A．真诚地帮助顾客解决问题 B．要强调一些客观理由
  C．如有理由可与顾客争辩 D．意见不符合实际情况可以不接受

72．美发服务公共关系的主要任务是_____。

A．抓住时机，夸张宣传　　B．确立优质服务、顾客至上的原则
C．积极推销商品　　　　　D．以优惠价格吸引顾客

73．韩国人初次见面时常_____。
A．给客人送茶点　B．交换名片相识　C．称姓道名　D．握手介绍自己

74．有的人头发表面常出现白色的头皮屑，这属于_____。
A．正常现象　B．病理原因　C．饮食失调　D．洗发过勤

75．洗发效果不佳表现为_____情况。
A．5种　B．6种　C．4种　D．3种

76．剃须、修面常用刀法有正手刀法、反手刀法等_____。
A．2种　B．3种　C．4种　D．5种

77．修面时使用刀法的规律是_____。
A．对体胖者可用较短的刀法　　B．对体瘦者可用较长的刀法
C．多种刀法配合绷紧动作　　　D．胡须少时可长短兼用

78．经脉是经络系统的主体，全身共有_____经穴。
A．420个　B．381个　C．361个　D．352个

79．发型设计的原则是_____。
A．构图全面　　　　　　　　　B．要体现出发式形态的艺术风格
C．流行趋势与传统发型相结合　D．以美发师的审美观念设计发型

80．发型设计思维程序一般是先_____。
A．征得顾客同意　B．审形　C．操作　D．定型

81．人的生理条件是发型设计的首要制约条件，它主要是指_____。
A．脸形、头形、身材、体态、性格、气质　B．行为动作
C．说话声音大小　　　　　　　　　　　　D．个子高矮

82．发型设计师对自身的要求应是_____。
A．增加审美情趣　　　　　　　B．积极参加各种形式的比赛
C．不能固步自封，要走向社会　D．学先进，取长补短

83．素描的表现形式一般分为_____类型。
A．2种　B．3种　C．5种　D．6种

84．素描线的画法要领是_____。
A．先画面，后画线　　　　B．先画正面，后画斜面
C．先粗后细，先直后曲　　D．先圆后方

85．生活化妆步骤有_____程序。
A．10道　B．11道　C．12道　D．13道

86．发式造型变化取决于_____的变化。
A．设计构思　B．线条色调、层次、纹样、色彩
C．操作技巧　D．审美情趣

87．发式高层次又称为_____。
A．渐增层次　B．放射层次　C．渐进层次　D．统一层次

88．等长层次又称为_____。

A．参差层次　　B．外层次　　C．均等或球形层次　　D．不规则层次
89．烫发卷杠的方法是_____。
　　A．用力要大，越紧越好　　B．松紧适中，不要过紧
　　C．松散些，发尾卷紧即可　　D．发尾要紧，发根要松
90．烫发排卷方向的变化有_____。
　　A．4种　　B．5种　　C．6种　　D．7种
91．电棒烫发所需要的工具有_____。
　　A．10种　　B．11种　　C．12种　　D．13种
92．用绒绳烫发，水和烫发液的混合比例达_____效果最好。
　　A．100:4　　B．100:5　　C．100:6　　D．100:7
93．发式造型艺术形象表现手段和技法有_____。
　　A．5种　　B．6种　　C．7种　　D．8种
94．佛教的创立人悉达多·乔答摩是_____。
　　A．中国人　　B．泰国人　　C．古印度人　　D．缅甸人
95．伊斯兰教传入中国的时间是_____。
　　A．公元6世纪初　　B．公元6世纪中叶
　　C．公元6世纪末　　D．公元7世纪中叶
96．长、短刀法是针对刀的_____的长短而言的。
　　A．行走快慢　　B．行走路线　　C．行走角度　　D．行走方法
97．修面时，对体态较胖的人多采用_____进行操作。
　　A．短刀法　　B．慢刀法　　C．长刀法　　D．快刀法
98．英国的国花为_____。
　　A．蔷薇花　　B．狗尾花　　C．郁金香　　D．石榴花
99．每年的7月14日是_____。
　　A．英国的国庆节　　B．法国的国庆节
　　C．意大利的国庆节　　D．西班牙的国庆节

三、技能试题

第一题 洗头（干洗）

1. 内容及操作要求

（1）操作规程 ①围毛巾和围布。②用钢丝刷刷头发和头皮。③用短毛刷刷头皮和发根。④用十指抖动头发。⑤用篦子篦头发。⑥用长毛刷掸去头皮屑和污垢。⑦换清洁的毛巾和围布。⑧用洗涤剂擦拭头皮和发根。⑨用双手按摩头皮和头发。⑩用热毛巾包裹头部。⑪取下热毛巾，用湿毛巾擦头皮和头发。⑫用干毛巾擦拭头发。⑬重复上述步骤⑧～⑫三次左右。

（2）操作要求 做到刷透、篦清、掸净、擦到、按舒、焐透、揩净、重复、彻底。

2. 准备工作

准备好刷子、篦子、短毛刷、长毛刷、洗涤剂、围布以及干、湿毛巾若干条。

3. 考核时限

（1）基本时间 准备时间2分钟，正式操作时间15分钟。

（2）时间允差 每超过1分钟扣2分，不足1分钟按1分钟计算。超过3分钟不计成绩。

4. 评分项目及标准（见表Ⅳ—2）

表Ⅳ—2

序号	评分要点	配分	评分标准
1	围上围布，垫好毛巾，用钢丝刷刷头发和头皮	10	围围布和毛巾方法错误扣3分，钢丝刷刷头发和头皮手法不当扣5分，未刷净刷透扣2分
2	用短毛刷刷头皮和发根，十指抖动头发	10	未刷到发根扣2分，抖动头发十指不灵活扣5分
3	用篦子篦头发，用长毛刷掸去头皮屑和污垢	10	用篦子篦头发不净扣5分，头皮屑和污垢掸不净扣2分
4	换上清洁的围布和毛巾，用洗涤剂擦拭头皮和发根，略用力，但不能使顾客有疼痛感	10	用棉球蘸洗涤剂擦拭不到位扣5分，手法过轻或过重扣5分
5	双手按摩头皮和头发，同时用适量洗涤剂擦拭发干和发梢，用热毛巾包裹头部	10	按摩头皮和头发手法单调、不灵活扣5分，热毛巾包裹头部松散扣2分
6	用湿毛巾擦拭头皮和头发，用干毛巾擦拭头皮和头发	10	湿毛巾擦拭头皮和头发不滋润扣5分，干毛巾擦拭头皮和头发不干净扣5分
7	重复干洗步骤⑧～⑫（见前）三次左右，如果头发较脏，可以多重复一次	10	重复工作不认真、无目的扣5分
8	效果要求刷透、篦清、掸净、擦到、按舒、焐透、揩净、重复、彻底	30	刷透、篦清、掸净、擦到、按舒、焐透、揩净、重复、彻底，任何一项不到位扣5分，累计计算

第二题 面部按摩

1. 内容及操作要求

熟练掌握经络的走向和穴位，按摩手法正确，取穴准确，轻重适当，达到调理五官功能、滋润和保护皮肤的目的，使顾客感觉舒适。

2. 准备工作

准备好围布、热毛巾、干毛巾、按摩霜等工具和用品。

3. 考核时限

（1）基本时间　准备时间 1 分钟，正式操作时间 15 分钟。

（2）时间允差　每超过 1 分钟扣 2 分，不足 1 分钟按 1 分钟计算。超过 3 分钟不计成绩。

4. 评分项目及标准（见表Ⅳ—3）

表Ⅳ—3

序号	评分要点	配分	评分标准
1	用热毛巾揩面，擦按摩霜及护肤品	10	揩面、擦按摩霜手法不当扣 5 分，擦按摩霜不均匀扣 5 分
2	熟练掌握经络和穴位	15	经络和穴位不熟悉扣 10 分
3	寻经走穴至印堂、太阳、睛明、攒竹、鱼腰、丝竹空、童子髎、承泣、四白、巨髎、迎香、禾髎、地仓、承浆、大迎、颊车、颧髎、听宫、角孙、翳风等穴	30	每少按一个穴位扣 5 分，按摩穴位顺序混乱、手法笨拙扣 10 分
4	按摩手法正确，取穴准确，轻重适当	20	按摩手法不正确扣 5 分，取穴不准确一次扣 5 分，手法轻重失当扣 5 分
5	调理五官功能，滋润、保护皮肤，使顾客感觉舒适	25	调理五官功能不滋润，保护皮肤效果不明显扣 10 分，顾客感觉不舒适扣 10 分

第三题　剪女短发

1. 内容及操作要求

按操作规程完成考核项目，首先在后颈中间取一发片做 90 度伸展，修剪导线，以导线为中心向左、右辐射。修剪脑后部头发，修剪两侧和两鬓轮廓线，与刘海儿相呼应。修剪顶部头发和刘海儿。在刘海儿后边修剪出纹理，以加强动感和柔和感。通过剪发，要充分表现出发型设计的个性和发型设计的形式美：线条块面与整体和谐，整体比例协调、对称、均衡，有节奏感（即有统一的秩序）又富于变化。

2. 准备工作

准备好围布、毛巾、剪刀、梳子、削刀等剪发必备工具。

3. 考核时限

（1）基本时间　准备时间 2 分钟，正式操作时间 20 分钟。

（2）时间允差　每超过 1 分钟扣 2 分，不足 1 分钟按 1 分钟计算。超过 3 分钟不计成绩。

4. 评分项目及标准（见表Ⅳ—4）

第四题　电棒烫操作

1. 内容及操作要求

操作程序是：将头发修剪成均等层次，洗净并吹干；涂抹烫发液并加温，冲洗并烘干；根据不同的头发长度及层次选择相适应的电棒型号，调整好温度；卷发操作；用定型液定型；洗发梳理。要求发丝流向清晰、合理，发卷均匀，发式造型简洁、美观，富于艺术性。

2. 准备工作

准备好围布和干、湿毛巾若干条，以及电棒、烫发液、定型液、塑料帽、电热帽、耳套、纱布、洗发液、护发油、剪发工具等物品。

3. 考核时限

表Ⅳ—4

序号	评分要点	配分	评分标准
1	按导线修剪脑后部头发	10	导线修剪角度不对扣5分,脑后部头发修剪纹理层次不清扣5分
2	修剪两侧和两鬓轮廓线	10	两侧和两鬓轮廓线不精致扣10分
3	修剪顶部头发和刘海儿	10	顶部头发与刘海儿衔接不好扣5分,刘海儿与脸形不协调扣5分
4	纹理修饰要加强动感和柔和感	20	修饰不认真,缺乏动感和柔和感扣10分
5	表现出发型设计的个性	20	发型设计缺乏个性扣10分
6	表现出发型设计的形式美:和谐、比例、对称、均衡、节奏、统一与变化等	30	剪发体现不出发型设计的形式美扣20分

(1) 基本时间 准备时间5分钟,正式操作时间80分钟。

(2) 时间允差 每超过1分钟扣1分,不足1分钟按1分钟计算。超过5分钟不计成绩。

4．评分项目及标准(见表Ⅳ—5)

表Ⅳ—5

序号	评分要点	配分	评分标准
1	将头发修剪成均等层次,洗净并吹干	10	剪发不齐扣5分,洗发不净扣2分
2	涂抹烫发液,加温、梳理、冲洗、烘干,将发丝梳至所需流向	20	涂抹烫发液不匀扣5分,加温方法错误或时间不合适扣5分,冲洗、烘干、梳理质量差扣5分
3	选择合适型号的电棒,一层一层顺序卷发,检查、调整直至完美	20	电棒烫型号选择与发长层次不适应扣10分,卷发操作不熟练扣5分,检查调整不完美扣5分
4	围头,罩纱布,喷两遍定型液	10	围头毛巾不严扣5分,两遍定型液喷不匀或时间掌握有误扣5分
5	洗净头发,修饰定型	10	修饰定型不认真扣5分
6	效果要求:发卷均匀、有弹力,发丝流向清晰、合理,发式造型美观,富于艺术性	30	发卷不牢固、不均匀各扣5分,发丝流向混乱扣5分,发式造型不完美且缺乏艺术性扣10分

第五题 徒手吹长发波浪造型

1．内容及操作要求

双手用吹风机配合刷子对女长发吹梳波浪,操作方法是:用滚刷顺序卷吹全部头发,将发干流向梳顺,用手指按波纹流向做揉、捏、推、捂等动作,配合吹风机吹出波浪。要掌握、控制和利用头发的性质,吹出的波浪要工整、自然、柔和、飘逸。发型轮廓和浪谷的深浅、波浪的疏密要与顾客的脸形、头形、身材、体态、年龄、职业等和谐统一。

2．准备工作

准备好围布、毛巾、梳子、滚刷、钢丝刷和吹风机各1件。

3．考核时限

(1) 基本时间 准备时间1分钟,正式操作时间25分钟。

(2) 时间允差 每超过1分钟扣2分,不足1分钟按1分钟计算。超过3分钟不计成绩。

4．评分项目及标准(见表Ⅳ—6)

表 Ⅳ—6

序号	评分要点	配分	评分标准
1	用滚刷一层一层顺序卷吹全部头发，将发干流向梳顺	20	用滚刷手法不灵活扣 5 分，发卷未吹干且缺乏弹性扣 5 分，发干流向未梳顺扣 5 分
2	用手指按波纹流向做揉、捏、推、捂等动作，配合吹风机吹出波浪	20	吹波浪手指动作笨拙、不连贯扣 10 分，手指与吹风机配合动作不协调扣 5 分
3	要掌握、控制和利用头发的性质使造型随心所欲	10	对头发的性质掌握、了解不够扣 3 分，控制头发的能力欠缺扣 3 分，不能充分利用头发的可塑性进行造型扣 3 分
4	发丝波浪要工整、自然、柔和、飘逸	20	造型缺乏工整、自然、柔和、飘逸扣 10 分
5	发型轮廓和浪谷的深浅、波浪的疏密要与顾客的脸形、头形、身材、体态、年龄、职业等和谐统一	30	发型整体效果与顾客的个性、特点不和谐，缺乏艺术性扣 20 分

四、模拟试卷

知识考核模拟试卷一

（一）**判断题** 下列判断正确的请打"√"，错误的打"×"。每题1分，共40分。

1. 复活节是每年的12月25日。（ ）
2. 伊斯兰教历规定每年的9月为斋月，斋月有29天和30天之分。（ ）
3. 对俄罗斯妇女要十分尊重，忌问她们的年龄和服饰价格等。（ ）
4. 坦桑尼亚人喜欢吃猪肉及奇形怪状的食物。（ ）
5. 如果修剪后的发型与顾客的头形、脸形、体形不相配，其主要原因是美发师缺乏审美知识。（ ）
6. 由于每个顾客的头形、脸形、体形以及发质都不相同，所以在美发服务过程中应尽量使每位顾客都满意。（ ）
7. 要保持头发健康就应适当多吃一些含脂肪多的食物。（ ）
8. 透视知识是绘画的基础，是研究视觉现象和视觉规律的基础。（ ）
9. 素描中的暗面是指受光部分，包括明暗交界面和反光投影。（ ）
10. 吹风梳理缺乏光泽，丝纹不流畅，主要原因是梳刷时间不足，未经反复梳刷。（ ）
11. 在发式造型中，任何一个细微的不足都会给整体造型带来极大的影响。（ ）
12. 一般来说，明度高的暖色有膨胀前进感，明度低的冷色有收缩后退感。（ ）
13. 暖色给人一种热烈、喜庆、温暖的感觉。（ ）
14. 二级美发店室内空气的氨含量每立方米不超过30毫克。（ ）
15. 电推子的消毒用酒精含量75%的溶液浸泡最好。（ ）
16. 三级美发店的混合照度不应低于100 lx。（ ）
17. 美发店的卫生等级标准是由国务院1987年4月1日发布的《公共场所卫生管理条例》制定的。（ ）
18. 皮肤由表皮、真皮、皮下组织以及皮肤的附属组织构成。（ ）
19. 皮肤新陈代谢的功能在凌晨2点钟至上午10点钟之间是最强的。（ ）
20. 油脂分泌过剩，时间一久，头发就会出现油腻或分叉现象。（ ）
21. 解决头发分叉的方法是：立即将分叉的部分剪掉，选择适宜的洗发用品。（ ）
22. 人的头发具有角质性质，含有硫磺质和大量的蛋白质。（ ）
23. 要保持人体内一定的自然水分必须多喝水。（ ）
24. 观察脸形的四种方法是：一看前额，二看颧骨，三看腮部，四看下颌。（ ）
25. 内曲线形脸的前额和下颌凹陷，面部的中间部位凸出，给人以圆胖的感觉。（ ）

26．电推子（轧刀）只有启动声，不见上齿板动，其故障原因：一是压刀片过紧，二是由于电压低造成电推子（轧刀）不能启动。（　　）

27．在推剪发式时，电推子（轧刀）断发不快，产生漏发，其原因是齿板运行不稳，左右振动，贴头皮不实。（　　）

28．发型艺术同雕塑、建筑等造型艺术一样，属于平面造型艺术。（　　）

29．点、线、面在美学中是形式美的表现形态。（　　）

30．一定的发型必须有相应的服饰搭配。（　　）

31．任何人的发型都应该表现自身的美，即自我欣赏美。（　　）

32．美发师技术差是造成顾客投诉的惟一原因。（　　）

33．为了不损害美发店的利益，对顾客的投诉应据理争辩。（　　）

34．美发店不应将投诉处理意见和改进措施告知顾客。（　　）

35．顾客投诉主要针对设备设施、服务态度、服务质量三个方面。（　　）

36．美发服务业以提供劳务来满足顾客需求，以美发师和顾客的直接接触来开展经营活动。（　　）

37．美发店要抓住有利时机，开展企业宣传，为企业盈利打下良好基础。（　　）

38．油性皮肤弹性好，是最健康的皮肤。（　　）

39．混合性皮肤多见于25～35岁左右年龄的人。（　　）

40．美发服务过程就是顾客消费的过程。（　　）

（二）**单项选择题**　下列每题有4个选项，其中只有1个选项是正确的，请将其代号填在横线空白处。每题1分，共60分。

1．美发师对自己所从事的专业要_____。
　　A．充满自信　　B．热爱本职　　C．守职尽责　　D．钻研技术

2．在服务接待中要把顾客当成衣食父母_____。
　　A．主动服务　　B．热情服务　　C．热情接待　　D．周到服务

3．美发师在美发服务工作中对顾客要和蔼可亲，树立_____的思想。
　　A．团结友爱　　B．顾客至上　　C．顾客至尊　　D．顾客是朋友

4．美发师对自己所从事的工作要_____。
　　A．守职尽责　　B．热爱本职　　C．服务周到　　D．认真负责

5．头发如果健康，无味、无污垢、无头屑、不黏腻，头发表层一定_____。
　　A．光泽秀美　　B．光润飘逸　　C．光润生辉　　D．光润亮丽

6．发丝如果光泽亮丽，丝丝可见，柔顺，服帖，一定具有较好的_____。
　　A．弹性　　B．韧性　　C．光泽　　D．亮光

7．头发如果不花白，不枯黄，不蓬松，鳞片状表层一定_____。
　　A．平整光滑　　B．平滑亮丽　　C．平滑光润　　D．平整无损

8．头发的发尾如果不分叉，发干_____，发根一定有弹力。
　　A．不打结　　B．不黏腻　　C．不缠绕　　D．不扭曲

9．如果头发的色泽纯正，发根至发尾的颜色应一致，_____。
　　A．无分叉　　B．无深浅　　C．无差色　　D．无枯黄

10．特级美发店的人工照度不低于_____。

A．250 lx B．200 lx C．150 lx D．80 lx
11．二级美发店的混合光照度不低于_____。
   A．250 lx B．200 lx C．150 lx D．100 lx
12．用于对电推子、剃刀、剪刀等工具进行消毒的溶液，酒精含量为_____。
   A．50% B．75% C．85% D．100%
13．用于对胡刷、木梳、卷发杠等工具进行消毒的溶液，来苏水含量为_____。
   A．1% B．2% C．2.5% D．3%
14．特级美发店的室内噪声不超过_____。
   A．30 dB B．40 dB C．50 dB D．65 dB
15．美发企业公共关系是以优化公共环境、树立组织形象为任务的一种_____的职能。
   A．信息交流 B．传播沟通 C．语言沟通 D．工作交流
16．美发企业虽然都是为了盈利，但作为社会的一个组成部分，必须注意自己的_____。
   A．企业形象 B．组织形象 C．公众形象 D．环境形象
17．美发企业对外宣传可以通过各种媒介，但员工与顾客的沟通则要靠_____。
   A．语言和行为 B．主动和热情 C．文明和礼貌 D．交谈和沟通
18．语言是人类交际最基本和最重要的工具，一切人际交往都要_____。
   A．借助交谈 B．借助工作 C．借助交流 D．借助语言
19．有了光我们才能看见一切，英国物理学家牛顿做了个试验：把太阳光透过小孔引进暗室，通过三棱镜折射出_____。
   A．七色谱 B．七色光 C．七色相 D．七色彩
20．光线照射物体后产生的色彩变化叫_____。
   A．光源色 B．固有色 C．环境色 D．暖色
21．一幅画的画面色彩的总体倾向叫_____。
   A．色相 B．明度 C．彩度 D．色调
22．色调按色彩的纯度划分，有_____。
   A．红色调、蓝色调 B．明色调、暗色调
   C．冷色调、暖色调 D．清色调、浊色调
23．一幅素描作品要有一个整体调子，即用明暗（黑与白）等表现丰富的_____。
   A．黑白层次 B．明暗层次 C．黑白与彩色的层次 D．亮面层次
24．一幅素描画中的三大面是_____。
   A．高光、亮面、暗面 B．亮面、暗面、明暗交界线
   C．黑、灰、光 D．黑、白、灰
25．素描三大面中的黑指_____。
   A．受光部分 B．背光部分
   C．从亮面过渡到暗面的过渡面 D．反光、投影
26．素描中通常把亮面中受光最强、最亮的地方叫_____。
   A．高光 B．反光 C．投影 D．受光
27．美发的服务质量不仅仅指具体项目操作水平，还应该包括营业场所的环境、设备、

使用的物料及_____。
　　A．服务规范　　B．服务态度　　C．服务水平　　D．服务结果
28．生活发套有长发套、短发套、直发套和_____等。
　　A．碎发套　　B．化纤发套　　C．卷发套　　D．油发套
29．_____属于假发配件，主要用以衬垫在头发里面，增加发容量。
　　A．发片　　B．发套　　C．发包　　D．发卷和发垫
30．修面时，颈部应选用_____方法来修剃。
　　A．以滚刀为主，配合"张""拉"　　B．以削刀为主，配合"拉""捏"
　　C．以推刀为主，配合"张""拉"　　D．以削刀为主，配合"张""捏"
31．造成毛发染上灰白膜的原因：一是使用了劣质洗发液，二是_____，鳞片受损。
　　A．洗发时间过长　　B．洗发时间过短　　C．擦拭不到位　　D．过度擦拭
32．头发稀少的人用挑烫法烫发可以_____头发的缺陷。
　　A．减少　　B．弥补　　C．补充　　D．遮盖
33．_____适用于局部脱发，也可作为发饰或搭配色彩等选用。
　　A．发套　　B．发卷　　C．发片　　D．发垫
34．衡量美发服务质量的标准，除了专业方面的指标外，还应加上_____。
　　A．顾客的评估　　B．顾客的满意度　　C．顾客的评议　　D．顾客的认可度
35．美发师在美发时，即使完全相同的服务项目，不同的顾客的_____也会不同。
　　A．满意与否　　B．满意要求　　C．满意比例　　D．满意程度
36．_____作用于体表，手法使体表生热，缓解血液回流障碍，消除水肿、淤血等病症。
　　A．揉动类手法　　B．摩擦类手法　　C．点压类手法　　D．叩击拍打类手法
37．波浪式发型的形态有水纹波浪、螺旋波浪、刀口波浪和_____。
　　A．不规则波浪　　B．斜波浪　　C．正规波浪　　D．波浪大花
38．按摩时以压力刺激神经系统，致使神经系统兴奋，从而产生解痉止痛效果的是_____。
　　A．揉搓类手法　　B．按压类手法　　C．点压类手法　　D．摩擦类手法
39．按摩的拿提类手法以提力牵拉施术软组织，具有解体表、发热汗和_____功能。
　　A．调解神经　　B．调理气血　　C．解痉止痛　　D．兴奋神经
40．性格热情豪放的人，其发型最好以潇洒、自然、_____为宜。
　　A．活泼　　B．动感　　C．柔美　　D．俏丽
41．_____显得年轻活泼可爱，通常称为娃娃脸。
　　A．圆形脸　　B．方形脸　　C．椭圆形脸　　D．菱形脸
42．人的侧面标准脸形中，给人以端庄感的是_____。
　　A．斜线形脸　　B．直线形脸　　C．内曲线形脸　　D．外曲线形脸
43．人的面部纵向为"三停"，横向为_____。
　　A．"四停"　　B．"五眼"　　C．"五停"　　D．"内宽"
44．十四经脉上共有_____个经穴。
　　A．361　　B．362　　C．365　　D．367

45．全身共有_____条经脉。
   A．12   B．14   C．10   D．16
46．漂发时，漂粉和双氧钠的比例应为_____。
   A．1：1   B．1：2   C．1：3   D．2：3
47．标准头形是_____。
   A．椭圆头形   B．平顶头形   C．尖顶头形   D．枕骨凹头形
48．有拉长头形的感觉和增高身材视觉的是_____。
   A．椭圆头形   B．平顶头形   C．尖顶头形   D．枕骨凸头形
49．_____不属于段染法。
   A．从表层挑出一薄发片   B．在发片中挑出几缕来分段
   C．根据长度设计染发段   D．刷染时要整齐，高低一致
50．在吹风中如果出现顶部发根不站立、头发平伏现象，应_____。
   A．将头发分层滚吹蓬松   B．将头发向反方向吹两次
   C．在刷子提拉头发大于90度时吹发根   D．刷子吹风时要有一定的弧度
51．修剪后的发型与头形、脸形、体形不相配，主要原因是美发师_____。
   A．缺乏技术训练   B．缺乏审美知识
   C．缺乏技术水平   D．缺乏审美方法
52．美发师在设计发型时要以顾客自身条件_____。
   A．作为基础   B．作为美发操作基础
   C．作为设计基础   D．作为吹风基础
53．_____是经络系统的主体。
   A．十二经脉   B．奇经八脉   C．经脉   D．任、督二脉
54．美发师修剪后的发型呆板单调、缺乏个性，其主要原因是_____。
   A．技巧不灵活   B．技巧不熟练   C．技巧不规范   D．技巧变化少
55．冲洗头发时，可以根据顾客的_____采用俯首洗或躺卧洗。
   A．状况   B．喜好   C．胖瘦   D．年龄
56．_____给人以整洁、沉着、稳重、端庄和有力度感的印象。
   A．按整一律组合的发型形象   B．按黄金律组合的发型形象
   C．按对比律组合的发型形象   D．按均衡律组合的发型形象
57．人的头发本身就呈现一种自然美，无须_____。
   A．修剪加工   B．加工梳理   C．人工造型   D．吹风定型
58．每个人的头发都有生长期和静止期，到了一定时期就有部分头发_____。
   A．停止生长   B．长出新发   C．自然脱落   D．自然生长
59．有头皮屑并不影响头发生长，头发也不会_____。
   A．产生损伤   B．产生干枯   C．产生发梢分叉   D．产生早白
60．脱发的原因，除遗传因素和疾病导致外，最常见的是_____。
   A．脂溢性脱发   B．脂肪过多脱发   C．劳累过度脱发   D．睡眠不足脱发

知识考核模拟试卷二

（一）**判断题** 下列判断正确的请打"√"，错误的打"×"。每题1分，共40分。

1. 绘制一张效果图有两大步骤：一是对面部进行刻画，二是对发部进行描绘。（ ）
2. 对发部进行描绘的方法是：无论发型怎样变化，发丝采用固定形状，表现其走向及层次等。（ ）
3. 检查发胶质量的方法是：先看是否过保质期，再摇晃瓶子，看是否清澈透明，颜色是否纯正，有无脱水现象。（ ）
4. 发蜡、发乳都含有油脂，检查时要先看其是否过保质期，然后看是否出现油水分离、出汁现象。（ ）
5. 吹风机不启动的原因主要有两种：一是电源线断路；二是线路接触不良，如弹簧片松动、开关体离位等。（ ）
6. 吹风机转速减慢的原因有两种：一是电源线短路，二是定子绕组断路。（ ）
7. 作为一名美发师应该热爱自己的本职工作，要诚实有信，爱岗敬业，守职尽责。（ ）
8. 美发师对待顾客要谦恭有礼，主动、周到、热情、耐心地为顾客服务，同时搞好企业管理，增加企业经济收入，加强同事之间的团结。（ ）
9. 美发师要认真学习美发知识和技能，不断提高理论水平和实际操作能力，全心全意为顾客服务。（ ）
10. 美发师要以美学为指导，不断努力创新，不但要做到技术熟练，还要有一定的企业管理水平。（ ）
11. 我国宋朝多流行流苏髻，明朝盛行牡丹头。（ ）
12. 辛亥革命时期，邹容剪辫子成为我国发式革命的先驱。（ ）
13. 在古埃及克丽佩脱拉时代，男子短发兴起，职业理发店形成。（ ）
14. 科学和美学将成为指导美发设计的主旋律。（ ）
15. 自然卷发含水量多，油脂也较多，这种发质不易造型。（ ）
16. 绵发由于头发细软，比较服帖，便于梳理造型。（ ）
17. 平顶头形是前顶部和中顶部呈凹陷或平面状，属常见头形之一，它给人以降低头形的感觉。（ ）
18. 身材比例是不分年龄和性别的。（ ）
19. 高级美发师应掌握头部和肩部20个以上穴位的按摩，按摩手法不少于10种。（ ）
20. 人体某部位接受按摩后，微循环系统畅通，毛细血管扩张，血流加速，从而改善全身的血液循环，达到祛病、强身健体的目的。（ ）
21. 经络是运行气血的通路，它包括经脉和络脉。（ ）
22. 色彩并不是人为的，而是物体本身所固有的，它是物体本身吸收光源的结果。（ ）

23．固有色是指物体在正常日光照射下所呈现出的固有的色彩，如红墙、黄瓦、绿树。
（　　）
24．色彩三要素中的明度即色彩的纯净度，也就是色彩的名称。（　　）
25．各种间色和原色调配出不同的色相，这就是复色。（　　）
26．橙色的补色是红色。（　　）
27．头发早白大多数是由先天性遗传因素、缺乏维生素 B、生活无规律造成的。（　　）
28．按摩中的叩法、弹拨、啄掐手法可引起神经兴奋。（　　）
29．头发要健康，最重要的是要休息好，多锻炼身体，不能洗发次数过多。（　　）
30．胖人的脸部比较丰满，会给修面、剃须带来困难。（　　）
31．长、短刀法的使用有一定的规律，如对体态较胖的人应采用长刀法。（　　）
32．护发用品的种类、品牌很多，常见的有各种护发素、保湿霜、修复液、调理剂、抗头屑剂等。（　　）
33．焗油膏的种类有直发焗油膏、受损发质焗油膏、发膜及精华素等。（　　）
34．固发用品的种类有定型发胶、调理剂、添加剂、固发水及精华素，用后可使秀发富有弹性。（　　）
35．不经吹风的发型，使用摩丝或啫喱膏后，显得头发自然且富有活力。（　　）
36．漂浅头发，通常采用双氧水加氨水涂在头发上，然后通过高温使头发变黄或变红，改变原有基色。（　　）
37．当头发漂浅时会呈现出不同程度的暖色，这些暖色并非人工色素，都是头发自身的颜色，故称基底色。（　　）
38．头发的漂洗是通过使用漂发用品改变头发的原有色素来完成的。（　　）
39．鉴别美发用品质量首先应看外包装。一般外包装上均须注明产品名称、生产日期、保质期等。（　　）
40．各种美发化学用品都有其相应的颜色，检查时应注意包装上注明的产品质量标准、纯度、是否过期等问题。（　　）

（二）**单项选择题**　下列每题有 4 个选项，其中只有 1 个选项是正确的，请将其代号填在横线空白处。每题 1 分，共 60 分。

1．色彩中的三原色是指＿＿＿＿＿＿。
　A．红色、黄色、绿色　　B．红色、黄色、蓝色
　C．白色、红色、绿色　　D．白色、黑色、蓝色
2．三原色中的黄色与蓝色可调配出＿＿＿＿＿＿。
　A．橙色　B．红色　C．绿色　D．紫色
3．第一次间色相调就是＿＿＿＿＿＿。
　A．第二次间色　B．复色　C．邻近色　D．同类色
4．绿色的补色是＿＿＿＿＿＿。
　A．紫色　B．红色　C．黄色　D．蓝色
5．检查啫喱水的方法是：先看是否过保质期，然后看是否清澈透明、＿＿＿＿＿＿。
　A．有无杂质　B．有无异味　C．有无浑浊　D．有无污垢
6．电棒烫是在＿＿＿＿＿＿的基础上经过革新、改进而形成的。

A．火钳烫　　B．火剪烫　　C．电烫　　D．水烫
7. 电推子（轧刀）运行时齿板时动时停，其原因是_____。
   A．压刀片螺钉过松　　B．压刀片螺钉错位
   C．压刀片螺钉过紧　　D．压刀片螺钉失灵
8. 世界考古学家认为，最早有意识进行个人装饰的是_____。
   A．早期的罗马人　　B．早期的埃及人　　C．早期的中国人　　D．早期的印度人
9. 发明头发漂白及染发配方的是_____。
   A．希腊人　　B．埃及人　　C．法国人　　D．罗马人
10. 英国人斯区曼最早使用烫发法（俗称冷烫）是在_____。
    A．1905年　　B．1914年　　C．1937年　　D．1945年
11. 我国发型艺术演变过程可分为四个阶段，即_____。
    A．剃发阶段、剪发阶段、盘发阶段和烫发阶段
    B．直发阶段、卷发阶段、剪发阶段和染发阶段
    C．启蒙阶段、髻发阶段、发式革命阶段和现代发型发展阶段
    D．髻发阶段、染发阶段、烫发阶段和发式革命阶段
12. 晋和南北朝时期发式的特点是_____。
    A．流行动感极强的飞天髻和庄重大方的盘桓髻、掠鹄髻
    B．流行垂髻、堕导髻
    C．流行云髻、双环望仙髻、半翻髻
    D．以簪笔、簪花、凤冠、步摇等装饰为特点
13. 史称"扬州十日""嘉定屠城"的事件发生在_____。
    A．宋朝　　B．元朝　　C．辛亥革命时期　　D．清朝
14. 电烫发技术传入上海是在_____。
    A．1911年　　B．1926年　　C．1935年　　D．1940年
15. 发套同帽子一样，也有_____的不同规格。
    A．50～60厘米　　B．30～50厘米　　C．40～60厘米　　D．45～65厘米
16. 作为一名优秀的美发师，工作要认真负责，要刻苦钻研技术，_____。
    A．诚实守信　　B．爱岗敬业　　C．服务周到　　D．尊重顾客
17. 美发师应该热爱自己的本职工作，要爱岗敬业，守职尽责，_____。
    A．诚实有信　　B．工作认真　　C．充满自信　　D．热情服务
18. 美发师在设计和制作发式过程中，不仅要考虑顾客的脸形和身材，还要考虑顾客的年龄、职业和_____等因素。
    A．气质　　B．风度　　C．个性　　D．举止
19. 成年人的皮肤总面积达1.2～2平方米，质量为人体总质量的_____。
    A．10%左右　　B．15%左右　　C．20%左右　　D．25%左右
20. 人的皮肤中，真皮有_____。
    A．两层　　B．三层　　C．四层　　D．五层
21. 人的皮肤中，整个表皮更新时间是_____。
    A．26～42天　　B．38～51天　　C．42～59天　　D．59～75天

22．人的皮肤中，真皮厚度约1~2毫米，是表皮的＿＿＿＿＿。
   A．5倍左右　　B．7倍左右　　C．10倍左右　　D．14倍左右
23．皮肤的呼吸量大约占人体呼吸量的＿＿＿＿＿。
   A．1%~2%　　B．1.5%~2.5%　　C．2%~3%　　D．3%~4%
24．女性面部黑色素细胞密度最高，每平方厘米约有黑色素细胞＿＿＿＿＿。
   A．500个　　B．800个　　C．1 500个　　D．2 000个
25．油性皮肤的pH值为＿＿＿＿＿。
   A．4.5~5　　B．5~5.6　　C．5.6~6.6　　D．6.5~7.5
26．皮肤是人体主要的存水处之一，其含水量占全身的＿＿＿＿＿。
   A．10%~15%　　B．18%~20%　　C．20%~22%　　D．22%~25%
27．头发干枯、发黄，主要是由于人体血液中含有＿＿＿＿＿。
   A．酸毒素　　B．碱毒素　　C．硫磺水　　D．荷尔蒙
28．含碘最丰富的食品是＿＿＿＿＿。
   A．肉类食品　　B．豆类食品　　C．海藻食品　　D．蔬菜
29．食用煮海带能增加＿＿＿＿＿。
   A．头发的弹力　　B．头发的色泽　　C．头发的韧性　　D．头发的光泽
30．多吃些奶制品、新鲜蔬菜、水果、香菇、燕麦、豆类等，对头发＿＿＿＿＿大有益处。
   A．健康亮丽　　B．健康柔顺　　C．健康而富有弹性　　D．健康生长
31．当头发长到一定的长度后，长时间没有进行护理，＿＿＿＿＿。
   A．头发就会分叉　　B．头发就会枯黄
   C．头发就会暗淡　　D．头发就会散乱
32．洗头方法不当，用力对头发发尾进行揉搓，是造成＿＿＿＿＿的重要原因。
   A．发尾暗淡　　B．发尾散乱　　C．发尾分叉　　D．发尾无光泽
33．解决头发分叉的方法是：立即将分叉的部分＿＿＿＿＿。
   A．焗油　　B．护理　　C．养护　　D．剪掉
34．成年人头发直径最粗的约＿＿＿＿＿。
   A．0.04~0.05毫米　　B．0.06~0.08毫米
   C．0.08~0.1毫米　　D．0.1~0.2毫米
35．发干粗硬，又黑又直，富有弹性，含水量多，属于＿＿＿＿＿。
   A．干性发　　B．细发　　C．硬发　　D．软发
36．头发缺乏油脂，含水量少，干枯，蓬松，属于＿＿＿＿＿。
   A．沙发　　B．分叉发　　C．干性发　　D．细软发
37．在吹风机的热度与工具施力拉伸的作用下，头发可伸长＿＿＿＿＿。
   A．10%　　B．15%　　C．20%　　D．25%
38．使用乳液型洗发剂时，应将瓶子左右晃动，观察乳液流动是否缓慢，色泽是否＿＿＿＿＿。
   A．鲜艳　　B．纯正　　C．变色　　D．发黄
39．乳液型洗发剂的香型应与包装说明相一致，并且＿＿＿＿＿。
   A．无香味　　B．无杂质　　C．无异味　　D．无杂味

40．护肤用品的颜色应清淡纯正，无浓重的色素膏体，并且_____。
　　A．洁净无异味　　B．污浊灰暗　　C．细腻光亮　　D．润滑柔和
41．对于学美发的人来说，对人物头部的表现是至关重要的。因此，应_____。
　　A．尽力去钻研　　B．尽力去刻画　　C．尽力去表现　　D．尽力去描绘
42．对于美发专业人员来说，应掌握人物绘画的_____。
　　A．发型效果图　　B．表现效果图　　C．绘画效果图　　D．人物效果图
43．美发效果图能向别人展示出一种发型，让行家可以评判，让外行人可以_____。
　　A．欣赏美的魅力　　B．欣赏美的效果
　　C．欣赏美的享受　　D．欣赏美的意境
44．面部刻画主要分为_____和细部描绘。
　　A．头部定位　　B．眼部定位　　C．鼻部定位　　D．五官定位
45．一般来说，暖色以_____。
　　A．红色为主　　B．黄色为主　　C．蓝色为主　　D．绿色为主
46．_____给人以庄严、肃穆、凉爽、典雅的感觉。
　　A．红色　　B．黄色　　C．冷色　　D．暖色
47．_____给人以天真、纯洁无瑕、整洁的感觉。
　　A．蓝色　　B．绿色　　C．紫色　　D．白色
48．象征着生命、青春与和平的色彩是_____。
　　A．蓝色　　B．绿色　　C．白色　　D．橙色
49．发型的形成主要靠工艺技术，美发发型体现着美发工艺技术水平，形成发型的_____。
　　A．发质自然美　　B．结构形式美　　C．工艺技术美　　D．人体和谐美
50．将大自然中有生命的动物、植物形态借拟于发型中的造型方法，叫做_____。
　　A．仿生造型法　　B．仿物造型法　　C．仿意造型法　　D．合成造型法
51．时代性、民族性、地域性和时令性等特点，属于发型美学的_____范畴。
　　A．实用性　　B．艺术性　　C．工艺性　　D．现实性
52．线条是发型艺术形式构成的_____。
　　A．空间形式　　B．自然状态　　C．基本要素　　D．重要方面
53．造型艺术中，肌理与质地的合称叫做_____。
　　A．纹样　　B．肌质　　C．形体　　D．色彩
54．在修面时，脸颊部分多用_____，同时美发师要变换站立位置，以利于修剃。
　　A．正手刀和推刀　　B．短刀和正手刀
　　C．正手刀和反手刀　　D．正手刀和长刀
55．电推子（轧刀）运行中突然不动的常见原因是_____。
　　A．开关没有闭合严　　B．开关可能损坏　　C．开关接触不良　　D．开关短路
56．吹风机使用时不启动的常见原因是_____。
　　A．电源线断路　　B．电源线破裂　　C．电源线失灵　　D．电源线破坏
57．十四经脉上共有361个经穴，其中单穴有_____。
　　A．50个　　B．52个　　C．56个　　D．58个

58. 造成吹风机使用时转速减慢的原因是_____。
    A. 定子绕组短路   B. 定子绕组接触不良
    C. 定子绕组错位   D. 定子绕组失灵
59. _____患者不能做按摩。
    A. 咽喉痛   B. 神经性头痛   C. 流行性感冒   D. 胃病
60. 采用何种修剪方法主要取决于顾客的_____。
    A. 体态   B. 面部   C. 胖瘦   D. 肌肉

技能操作模拟试卷一

题目 婚礼发型盘（束）发

1. 内容及操作要求

将后部头发以中线为界分成左、右两部分，低角度倒梳（刮松），留出前额刘海儿部头发，将左、右两侧头发向上提升、固定。再将中线右侧头发倒梳（刮松），向左拉，梳光表面，包卷后发尾向上，并用发卡固定。将左后侧向上提升的头发分为两束，以待做花或盘绕变形。按所分发束逐股（束）盘绕卷，成卷筒固定。发束（股）全部卷绕成型后，做整体调整、修饰定型。吹梳刘海儿，插戴鲜花、饰品。整体效果要求端庄高雅、妩媚动人，线条流畅、简洁。

2. 准备工作

准备好围布、毛巾、发梳、发刷、尖梳、发卡、吹风机、固发用品等。

3. 考核时限

(1) 基本时间　准备时间2分钟，正式操作时间20分钟。
(2) 时间允差　每超过1分钟扣2分，不足1分钟按1分钟计算。超过3分钟不计成绩。

4. 评分项目及标准（见表Ⅳ—7）

表Ⅳ—7

序号	评分要点	配分	评分标准
1	将脑后部头发左、右均分，倒梳（刮松）	10	倒梳（刮松）角度不对扣5分，手法不熟练扣5分
2	留出前额刘海儿部头发，将左、右两侧头发向上提升、固定	10	前额刘海儿发量不适扣5分
3	将右侧头发倒梳，向左拉，梳光表面，包卷后发尾向上，并用发卡固定。将左后侧向上提升的头发分为两束，以待做花或盘绕变形	20	倒梳后发束表面梳不光扣10分，发卷固定不牢扣5分
4	按所分发束逐股（束）盘绕卷，成卷筒固定。做整体调整、修饰定型	20	发束卷筒排列凌乱扣10分；整体调整、修饰定型不认真扣10分
5	吹梳刘海儿，插戴鲜花、饰品	20	刘海儿与两侧头发不协调扣10分，鲜花、饰品佩戴不当扣5分
6	整体效果要求端庄高雅、妩媚动人，线条流畅、简洁	20	整体效果差扣20分

技能操作模拟试卷二

题目 漂发

1. 内容及操作要求

严格按操作规程完成操作,首先做皮试,皮试达到要求后,方可进行漂发。注意:洗头时不要用力搔、抓,以免引起皮肤过敏,漂发剂不能滴到顾客的脸上,漂发时间不宜过长,漂发时要戴手套,围前胸围布,以免损伤皮肤和衣服。漂发剂一定要涂抹均匀,漂发效果才会好。

2. 准备工作

准备好漂粉、双氧钠、挑针、发夹、刷子、围布、手套、毛巾、前胸围布、护肤膏、计时器等。

3. 考核时限

(1) 基本时间 准备时间3分钟,正式操作时间70分钟。

(2) 时间允差 每超过1分钟扣2分,不足1分钟按1分钟计算。超过5分钟不计成绩。

4. 评分项目及标准(见表Ⅳ—8)

表Ⅳ—8

序号	评分要点	配分	评分标准
1	围围布,垫好毛巾,检查头皮是否有破损或炎症,如果没有方可漂发	10	检查头部不认真、有失误扣10分
2	按漂粉与双氧钠1:3比例调配漂发剂,将头发分成4个区	10	漂发剂调制比例不对扣5分,分发区不合理扣5分
3	先从后颈部做起,分层涂到距发根30毫米处,将全部头发涂完,等待15分钟	20	漂发剂涂抹顺序和部位不对扣10分,头发分层太厚扣5分,等待时间误差过大扣5分
4	连同发根、发干一起涂抹调和剂,30分钟后彻底冲洗	20	调和剂涂抹不匀、不到位扣10分,冲洗前等待时间误差过大扣5分
5	冲洗时不要用力搔、抓,漂发剂不能滴到顾客脸上	10	冲洗手法不对扣5分,漂发剂滴到顾客脸上扣5分
6	漂发时间不宜过长,要戴手套,围前胸围布,以免损伤皮肤和衣服	10	漂发时间过长扣5分,不戴手套、不围前胸围布扣5分
7	发色均匀,不漏漂,效果好	20	发色不匀或漏漂扣10分,整体效果不好扣10分

五、参考答案

知识试题

(一) 判断题

1.√	2.√	3.√	4.×	5.√	6.√	7.×	8.√	9.√	10.√
11.×	12.√	13.√	14.×	15.×	16.√	17.√	18.×	19.×	20.√
21.√	22.√	23.×	24.√	25.√	26.√	27.×	28.√	29.√	30.√
31.×	32.×	33.√	34.×	35.√	36.√	37.×	38.√	39.√	40.×
41.√	42.×	43.√	44.√	45.√	46.√	47.√	48.×	49.√	50.√
51.×	52.√	53.√	54.√	55.√	56.×	57.√	58.√	59.√	60.×
61.√	62.√	63.√	64.√	65.√	66.√	67.√	68.√	69.√	70.√
71.√	72.×	73.√	74.×	75.√	76.√	77.√	78.√	79.√	80.√
81.√	82.√	83.√	84.√	85.√	86.√	87.√	88.√	89.√	90.×
91.√	92.×	93.√	94.√	95.√	96.√	97.×			

(二) 单项选择题

1.A	2.C	3.C	4.D	5.B	6.A	7.B	8.A	9.C	10.D
11.A	12.C	13.C	14.D	15.A	16.D	17.D	18.C	19.B	20.B
21.D	22.B	23.C	24.D	25.B	26.C	27.A	28.B	29.D	30.D
31.C	32.A	33.C	34.B	35.B	36.C	37.A	38.C	39.B	40.C
41.C	42.D	43.D	44.C	45.C	46.A	47.B	48.B	49.C	50.A
51.C	52.B	53.C	54.D	55.A	56.B	57.C	58.C	59.D	60.C
61.D	62.C	63.D	64.A	65.C	66.C	67.C	68.C	69.A	70.B
71.A	72.B	73.B	74.A	75.B	76.D	77.C	78.C	79.B	80.B
81.A	82.C	83.B	84.C	85.D	86.B	87.A	88.C	89.B	90.B
91.C	92.B	93.D	94.C	95.D	96.B	97.C	98.A	99.B	

知识考核模拟试卷一

(一) 判断题

1.×	2.√	3.√	4.×	5.√	6.×	7.×	8.√	9.×	10.√
11.√	12.√	13.√	14.√	15.×	16.×	17.√	18.×	19.×	20.×
21.√	22.√	23.×	24.√	25.×	26.√	27.×	28.×	29.√	30.√

31.× 32.× 33.× 34.× 35.√ 36.√ 37.× 38.× 39.√ 40.√

(二) 单项选择题

1.A 2.C 3.B 4.D 5.C 6.A 7.D 8.A 9.B 10.C
11.C 12.B 13.D 14.C 15.B 16.C 17.A 18.D 19.C 20.A
21.D 22.D 23.A 24.D 25.B 26.A 27.B 28.C 29.D 30.B
31.A 32.B 33.C 34.A 35.D 36.B 37.A 38.C 39.A 40.B
41.A 42.B 43.B 44.B 45.B 46.C 47.A 48.B 49.B 50.C
51.B 52.A 53.C 54.D 55.B 56.A 57.B 58.C 59.A 60.A

知识考核模拟试卷二

(一) 判断题

1.√ 2.× 3.× 4.√ 5.√ 6.× 7.√ 8.× 9.√ 10.×
11.√ 12.√ 13.× 14.√ 15.× 16.√ 17.√ 18.× 19.× 20.√
21.√ 22.× 23.√ 24.× 25.√ 26.× 27.√ 28.√ 29.× 30.×
31.√ 32.× 33.√ 34.× 35.√ 36.× 37.√ 38.√ 39.√ 40.×

(二) 单项选择题

1.B 2.C 3.A 4.B 5.A 6.A 7.C 8.B 9.D 10.C
11.C 12.A 13.D 14.B 15.A 16.B 17.A 18.C 19.B 20.A
21.D 22.C 23.A 24.D 25.C 26.B 27.A 28.C 29.B 30.D
31.A 32.C 33.D 34.C 35.C 36.A 37.C 38.B 39.C 40.C
41.A 42.B 43.C 44.D 45.A 46.C 47.D 48.B 49.C 50.A
51.D 52.C 53.C 54.B 55.A 56.A 57.B 58.A 59.C 60.A